中国少年儿童百科全书

Chinese Children's Illustrated

ENCYCLOPEDIA

数理化加油站

中国大百科全书出版社

图书在版编目（CIP）数据

数理化加油站 /《中国少年儿童百科全书》编委会编著 .-- 北京：中国大百科全书出版社，2018.1

（中国少年儿童百科全书）

ISBN 978-7-5202-0185-8

Ⅰ . ①数… Ⅱ . ①中… Ⅲ . ①数学 - 少儿读物②物理学 - 少儿读物③化学 - 少儿读物 Ⅳ . ① O-49

中国版本图书馆 CIP 数据核字（2017）第 255826 号

中国少年儿童百科全书

Chinese Children's Illustrated Encyclopedia

数理化加油站

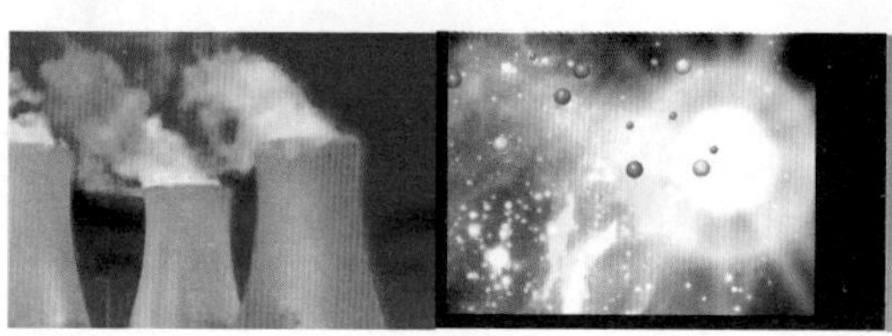

中国大百科全书出版社出版发行

（北京阜成门北大街 17 号　邮政编码：100037）

http://www.ecph.com.cn

保定市正大印刷有限公司印制

新华书店经销

开本：710 毫米 ×1000 毫米　1/16　印张：6.25

2018 年 1 月第 1 版　2019 年 1 月第 5 次印刷

IISBN 978-7-5202-0185-8

定价：22.00 元

超级视听 神奇悦读

亲爱的小读者，打开这本书，你是否发现了它的与众不同之处：有些页面上镶嵌着“二维码”。只要用智能手机扫一扫，你就能获得“书中有影院，‘码’上看表演”的神奇体验！你所看到的这些“微纪录片”全部选自北京大陆桥文化传媒热播 20 余年的国外引进纪录片钻石品牌栏目《传奇》。《传奇》精选全球最新最上乘的纪录片，经本土化的专业译制，以其独特的构思、国际化的视野、引人入胜的故事征服了上亿观众。本书展现的精彩片段将抽象的知识形象化、立体化，同时也进行了延展补充。

为了方便大家欣赏精彩影片，我们特意把分散于书中的二维码在这里集中展现出来。准备好了吗？邀上你的小伙伴们一次看个够吧！

毕达哥拉斯

二进制

惊人的摩擦力

骆驼站在鸡蛋上

神奇的惯性

数说食物

数字 1 的诞生

围巾引出的杠杆原理

烟花的美丽因子

盐制婚纱

扫码说明：

书中的二维码可以通过智能手机或平板电脑等移动端，下载有效的二维码扫描软件进行扫描（注：安卓系统手机，用微信扫描无效）。

目录

第一部分 数学

第二部分 **物理**

物理

目录

第三部分 化学

化学

目录

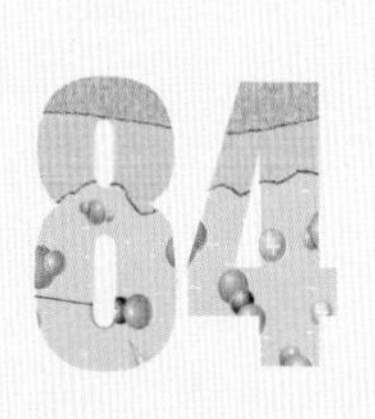

3×5=15
数学

数理化加油站

数字

人类最初没有数的概念，在漫长的生产和生活实践中由于记事和分配生活用品等方面的需要，逐渐形成了数的概念，产生了数字。数字在世界各国有许多不同的表示方法，常见的有阿拉伯数字、中国数字、罗马数字等。

•超级视听•

数字 1 的诞生

阿拉伯数字

我们计数用的 1、2、3、4、5、6、7、8、9、0，被称为阿拉伯数字，它是现在世界各国通用的数字符号。阿拉伯数字其实是由古代印度人发明的，大约在公元 8 世纪由印度使节带到当时的阿拉伯帝国，后来由阿拉伯人传入欧洲，被欧洲人误称为阿拉伯数字。正是通过阿拉伯人的传播，这种数字才最终被国际通用。为了表示极大或极小的数字，人们在阿拉伯数字的基础上创造了科学计数法，这是人类文明进步的一大重要成果。阿拉伯数字传入我国，大约是在 13 ～ 14 世纪。由于我国古代曾用算筹计数，其表示方法比较方便，所以阿拉伯数字当时在我国没有得到及时的推广运用。20 世纪初，随着对外国数学成就的吸收和引进，阿拉伯数字在我国开始使用。阿拉伯数字现在已成为人们学习、生活和交往中最常用的数字了。

1 2 3 4 5 6 7 8 9 0

阿拉伯数字

中国数字

中国数字有大写、小写两种表示方式。为什么会有大小写区分呢？据说，在朱元璋统治的明朝初年，发生了一起重大贪污案——“郭桓案”。郭桓任户部侍郎期间，勾结地方官吏，利用中国数字书写法的漏洞侵吞政府许多钱财，引起了老百姓的不满。后来，他被人告发，案件牵连了许多大小官员和地方乡绅。朱元璋大为震怒，下令将与本案有关的数百人一律处死。同时，朝廷也制定了严格的惩治经济犯罪的法令，并在财务管理上采取了一些新的措施，其中一条就是把记载钱粮、税收数字的汉字“一二三四五六七八九十百千”，改用大写“壹贰叁肆伍陆柒捌玖拾佰仟”，以避免有人在数字上做手脚，从而堵塞了财务管理上的一些漏洞。大写的中国数字也就由此产生了。

壹 贰 叁
一 二 三
肆 伍 陆
四 五 六
柒 捌 玖
七 八 九
拾 佰 仟
十 百 千

中国数字

罗马数字

罗马数字是最早的数字表示方式之一，比阿拉伯数字早 2000 多年，它是由罗马人创造的。如今我们最常见的罗马数字就是钟表的表盘符号：Ⅰ、Ⅱ、Ⅲ、Ⅳ（也可为 IIII）、Ⅴ、Ⅵ、Ⅶ、Ⅷ、Ⅸ、Ⅹ、Ⅺ、Ⅻ，对应的阿拉伯数字是 1、2、3、4、5、6、7、8、9、10、11、12。另外，C 表示 100，D 表示 500，而 M 表示 1000。这样，大数字写起来就比较简便，但计算十分不便，而且，罗马数字中没有“0”。因此，今天人们已经很少使用罗马数字计数了。

I II III IIII V VI VII VIII IX
1 2 3 4 5 6 7 8 9
X C D M
10 100 500 1000

罗马数字

奇妙的 666

666 是一个有趣的数字，它能由算式 1 + 2 + 3 + 4 +…+ 36 得到。由于结果容易记忆，常用于珠算的加法练习。此外，666 还有许多特性，如它可以由 1 ～ 9 这九个自然数以不同的形式相加得到：

$1+2+3+4+567+89=666$

$123+456+78+9=666$

$9+87+6+543+21=666$

可以是最小的 7 个质数平方和，即：

$2^2+3^2+5^2+7^2+11^2+13^2+17^2=666$

666 还与它各数位上的数字 6 之间有一些有趣的联系，如：

$6+6+6+6^3+6^3+6^3=666$

$1^6-2^6+3^6=666$

$(6+6+6)^2+(6+6+6)^2+(6+6+6)=666$

无 8 数

在数学王国里，有一位神奇的主人，它是由 1、2、3、4、5、6、7、9 八个数字顺次出场组成的一个八位数——12345679。因为它没有数字“8”，所以，我们都管它叫“无 8 数”。虽然是由普通的八个数字组成，但是它有许多奇特的功能。

无 8 数与几组性质相同的数相乘，会产生意想不到的结果。

它若是与 9，18，27，36，45，54，63，72，81…（9 的倍数）相乘，结果会组成一系列清一色的数字：

$12345679\times9=111111111$

$12345679\times18=222222222$

$12345679\times27=333333333$

……

$12345679\times81=999999999$

它若是与 12，15，21，24…（3 的倍数，其中 9 的倍数除外）相乘，能得出由三个数字重复出现的结果：

$12345679\times12=148148148$

$12345679\times15=185185185$

……

它若是与 10、19、28、37、46、55、64、73…相乘，积会让 1、2、3、4、5、6、7、9 八个数字轮流做“开路先锋”，奇妙吧！

$12345679\times10=123456790$

$12345679\times19=234567901$

$12345679\times28=345679012$

$12345679\times37=456790123$

$12345679\times46=567901234$

$12345679\times55=679012345$

$12345679\times64=790123456$

$12345679\times73=901234567$

你也可以试一试，看还能发现哪些无 8 数。

九缺一

有一个奇妙的数 98765432，被称为魔数。在九个非零数字中，魔数拥有八个数字，只缺一个，可以说是“九缺一”。而缺少的这个，又恰好是数字“1”，由此引出一系列的“九缺一”连锁题。

（a）把魔数除以 2，得到：

$98765432\div2=49382716$

商数 49382716 在 1 ～ 9 这九个数字中，只缺一个 5。

（b）把（a）的结果除以 2，得到：

$49382716\div2=24691358$

商数 24691358 在九个数字里只缺 7。

（c）把（b）的结果除以 2，得到：

$24691358\div2=12345679$

商数 12345679 在九个数字里只缺 8。

（d）把（c）的结果乘以 5，得到：

$12345679\times5=61728395$

乘积 61728395 缺 4。

（e）把（d）的结果与（b）的结果相加，得到：

•超级视听•

61728395＋24691358＝86419753

和数86417953缺2。

怎么样，这一系列运算结果是不是很神奇？请你继续看：

如果我们用9分别去乘魔数，以及（a）到（e）各题中的商数，所得的乘积顺次如下：

魔数缺1，乘以9后，得到888888888。

（a）的得数缺5，乘以9后，得到444444444；

（b）的得数缺7，乘以9后，得到222222222；

（c）的得数缺8，乘以9后，得到111111111；

（d）的得数缺4，乘以9后，得到555555555；

（e）的得数缺2，乘以9后，得到777777777。

以上所得几个乘积的共同规律是：如果原数缺数字n，那么它与9的乘积是由$9-n$的差数重复组成的九位数字。

和为9

任意写一个四位数，把这个数乘以3456，乘积记为A，再把A的各位数字相加，得到的和记为B，最后把B的各位数字相加，得到的和记为C，那么C一定等于9。如2008，把这个数乘以3456，得到乘积为：2008×3456＝6939648。把6939648中的各位数字相加，得到：6＋9＋3＋9＋6＋4＋8＝45。把45中的各位数字相加，结果为9。

为什么最后一定得到9呢？这是因为最初求A时，总是乘以3456。在这里，3456是9的倍数，所以A也是9的倍数。如果一个数是9的倍数，那么它的各个数位上数字的和也会是9的倍数，这样我们就能得到B也是9的倍数。同理，C也是9的倍数。又因为A是两个四位数的乘积，所以A最多是八位数。A的各个数位上数字相加，不会大于八个9的和，所以B值不超过72。B又是9的倍数，所以B的各位数字之和为9，即C为9。

中国古代对负数的认识

中国是世界上最早认识和应用负数的国家。负数，就是小于零的数，用负号“-”来表示，比如-1、-0.3等，它代表与正数相反的意义。举个例子，在古代人民生活中，以收入钱为正，以支出钱为负；在粮食生产中，以产量增加为正，以产量减少为负。古代的人们为区别正负数，常用红色的算筹表示正数、黑色的算筹表示负数。用不同颜色的数来表示正负数的习惯一直沿用到今天。比如我们一般用红色表示负数，经常听说的“财政赤字”就是这个意思。负数概念的出现，给我们的生活带来了极大的方便。

我国魏晋时期的数学家刘徽首先给出了正负数的定义和区分正负数的方法，而2000多年前的数学专著《九章算术》，则最早提出了正负数加减法的法则。

相比之下，西方国家认识正负数比我国晚了数百年。

负数在国外的确立

外国人对正负数的认识经历了一个漫长的过程。古希腊人认为算式$2x-10$中，当$2x<10$时，算式是不合理的。628年左右，印度数学家婆罗摩笈多提出，负数是负债和损失，他是继中国之后最早提出关于负数概念

的印度人。在欧洲，负数始见于 1545 年意大利数学家 G. 卡丹的著作《大法》中。那时大多数欧洲数学家仍认为负数不好理解，不承认负数是数。直到 1637 年，法国大数学家 R. 笛卡儿建立了坐标系，负数有了几何解释，才逐渐被认识。其间仍有人提出“抗议”。18 世纪以前，欧洲数学家只看到负数与零在量值上的大小比较，他们认为零是最小的量，如果比零还小是不可思议的。直到 19 世纪 30 年代，著名的英国数学家 A. 德·摩根还强调负数与虚数一样都是虚构的。他还举了个例子来解释他的观点：“父亲 56 岁，他的儿子 29 岁，什么时候父亲的岁数将是儿子的 2 倍？”解这个问题列出的方程是 $56+x=2(29+x)$，解得 $x=-2$。因此他说，这个结果是荒谬的负数。法国数学家 B. 帕斯卡认为，用 0 减 4 纯粹是胡说。

19 世纪，数学科学为整数奠定了逻辑基础以后，负数概念在欧洲才最终形成和确立。虽然古代的中国和印度数学家为负数的引入做出过巨大的贡献，但真正在数学上给负数应有地位的是现代欧洲的数学家，其主要代表是德国数学家 K.T. 魏尔斯特拉斯、J.W.R. 戴德金和 G. 皮亚诺。

正向与反向

正向与反向是一对相反的概念，其中就有正负数的问题。如果向东走用正数表示，那么向西走就可以用负数表示。例如，向东走50千米，记作 +50千米；向西走30千米，记作 -30千米。但不论怎么走，它们都以零点为参照点来描述。

在地理学中也经常用到正负数。如，描述海拔高度通常以海平面为零点，零点向上的垂直高度为正，零点向下的垂直高度为负。比如，在地形图中，-120米表示该地比海平面低120米。我国的吐鲁番盆地低于海平面155米，记作 -155米；世界屋脊上的珠穆朗玛峰的海拔高度是8844.43米，记作 +8844.43米。利用同样的方法，我们可以管理自己的零花钱，比如，你得到50元，可记作 +50元；你花掉30元，可记作 -30元。将两者相加，可知余额为20元。

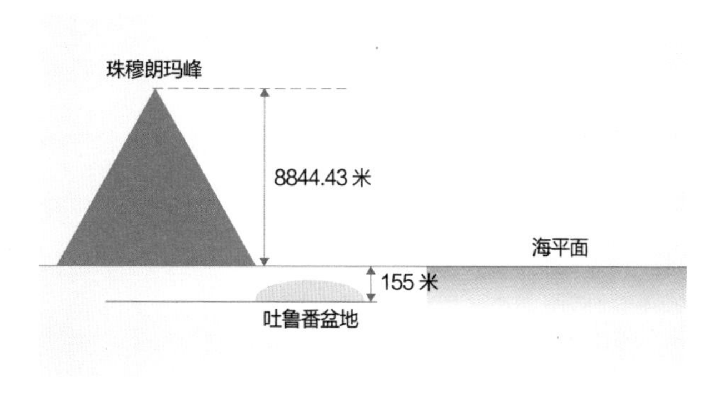

珠穆朗玛峰与吐鲁番盆地的海拔对比

温度计上的正负数

温度是表示冷热程度的物理量，人们通常用温度计测量温度。科学家把水结冰时的温度定为0℃（读作：零摄氏度），水沸腾时的温度定为100℃。炎热的夏季，中国海南省的三亚市，气温高达39℃；寒冷的冬天，黑龙江省的漠河，气温能低至 -40℃（读作：零下四十摄氏度），-40℃表示比0℃还低40℃。

请你想一想，-10℃与 -25℃，哪个温度更低呢？

-25℃比0℃低25℃；-10℃比0℃低10℃，所以 -25℃比 -10℃温度低。

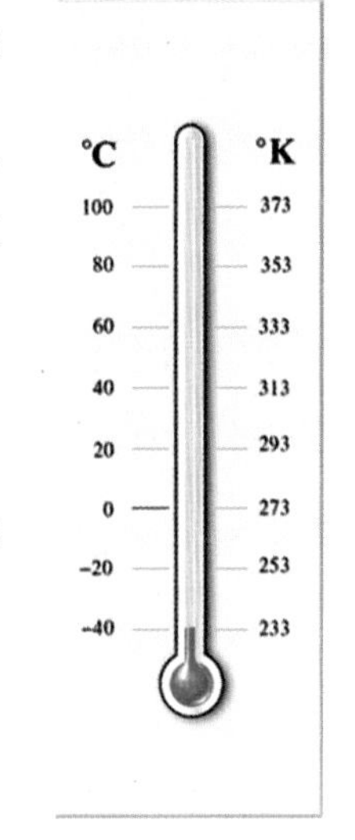

我国北方漠河在冬天时，气温可以低至 - 40℃。

巧记质数

质数又称素数，指在一个大于 1 的自然数中，除了 1 和整数自身外，不能被其他自然数整除的数。质数的分布是没有规律的，其中 100 以内的质数有 25 个，2 和 3 是所有素数中唯一两个连着的数，2 是唯一一个为偶数的质数，其余的可以用巧妙的方法来记忆。

①歌谣记忆法

二、三、五、七和十一；
十三、十九、一十七；
二三、二九、三十一；
三七、四一、四十七；
四三、五三、五十九；
六一、七一、六十七；
七三、八三、八十九；
再加七九、九十七。

②找规律记忆法

100 以内的质数存在着这样的规律：除质数 2、3 外，其余质数都是 6 的倍数加上 1 或减去 1。所以，只要删除 6 的倍数加上 1 和减去 1 的数中的合数，直到 97 为止，剩下的数再加上 2 和 3，就是 100 以内的 25 个质数。

③分类记忆法

把 100 以内的质数分为 5 类：第一类是 20 以内的质数，有 2、3、5、7、11、13、17、19；第二类是十位为 2、5、8，个位分别是 3 和 9，即 23、29、53、59、83、89；第三类是十位为 3 和 6，个位分别是 1 和 7，即 31、37、61、67；第四类是十位为 4 和 7，个位分别是 1 和 3，即 41、43、71、73；第五类是剩下的三个数 47、79、97。

1 —— 分子
— —— 分数线
5 —— 分母

分数的结构

分数的历史

分数的产生经历了一个漫长的历史过程。早在 3000 多年前的古埃及，就有关于分数的记载。但最早使用分数的国家是中国。我国春秋时代的《左传》中，规定了诸侯的都城大小：最大不可超过周文王国都的三分之一，中等的不可超过五分之一，小的不可超过九分之一。秦始皇时代的历法规定：一年的天数为三百六十五又四分之一。这说明分数在我国很早就出现了，并且用于社会生产和生活。《九章算术》是中国古代的一部数学专著，其中第一章《方田》里就讲了分数计算方法，包括四则运算、通分、约分、化带分数为假分数等。

分数中间的一条横线叫分数线，分数线上面的数叫分子，分数线下面的数叫分母。读作几分之几。分数可以表述为一个比，例如：二分之一等于 1∶2，其中分子 1 等于前项，分数线等于比号，分母 2 等于后项，而分数值 0.5 则等于比值。在分数中，分母一定不能为 0。

平均分

在分数里，表示把单位“1”平均分成若干份的叫分母，表示有这样多少份的叫分子；其中的一份叫分数单位。平均分是分数意义的基础，是分数产生的前提。那么为什么要平均分呢？这要从实际的测量和计算说起。在实际测量中，人们往往不能得到整数的结果。如用一个计量单位量黑板的长，量了几次还剩下一段不够一个计量单位，怎么办？这时就要把这个计量单位平均分成若干等份，如分成 10 等份，再用这样的 1 份作单位来量。这一份是这个计量单位的十分之一，用分数表示就是$\frac{1}{10}$。另一方面是在实际计算中有时也不能得到整数的结果，需要用分数来表示。如把 3 个苹果平均分成 4 份，那么每份就不能用整数表示，可以用分数表示为$\frac{3}{4}$。有了分数，这些结果就能准确地表示出来。但是，如果不是平均分成几份，每份不相等，就不能用分数表示。

单位“1”

在分数中，只有正确理解其中的单位“1”，才能更好地理解分数的意义。分数中单位“1”的特点有：

①单位“1”可以表示一个物体或一个计量单位。如一个苹果，我们可以把它看成是单位“1”，要把它平均分成4份，每份就是这个苹果的$\frac{1}{4}$。

②单位“1”也可以表示由一些物体组成的整体，例如一个班的同学、一堆水果、一个国家的人口等。把40位同学看成一个整体，单位“1”就代表40位同学；如果把它平均分成2份，每份就是这个整体的$\frac{1}{2}$，即20位同学；如果把它平均分成8份，每份就是这个整体的$\frac{1}{8}$，也就是5位同学。

③单位“1”还可以表示一个物体的一部分。如把半块饼平均分成3份，每份就是这半块饼的$\frac{1}{3}$，这时半块饼就是单位“1”。再如把一个班中的全体女生平均分成4组，这时，全体女生就是单位“1”，每组就是全体女生的$\frac{1}{4}$。

④单位“1”所代表的数量不同，平均分成若干份后，其中每份的多少（或大小）也不一样。如把30个梨平均分成5份，每份就是30个梨的$\frac{1}{5}$，即6个梨；如果把5个梨平均分成5份，此时单位“1”就变成5个梨，每份就是5个梨的$\frac{1}{5}$，即1个梨。

⑤分数中的单位“1”比整数里的“1”范围更广泛。整数“1”是自然数的计数单位，仅表示某一具体事物；而分数里的单位“1”既可以表示一个事物，也可以表示一个整体。

⑥数量无限多的不能看成单位“1”，因为无限多的事物是不可分的。

分蛋糕

通分

通分就是找出几个分母的最小公倍数作为它们的分母。先求原来几个分母的最小公倍数，然后把各分数分别化成用这个最小公倍数作为分母的分数。

在整数加减法中强调“数位对齐”，小数加减法中强调“小数点对齐”。这都说明单位相同，才能直接相加减。

在计算异分母分数加减法时，由于异分母分数的分母不同，因而它们的分数单位也不一样，必须把不同分母的分数转化成同分母分数，使分数单位一样，才能进行加减。

把几个分母不同的分数化成分母相同，并且和原来分数相等的分数，这个过程就叫通分。通分后分数的分母可以是原来几个分数分母的公倍数。

如在计算$\frac{2}{7}+\frac{1}{4}$时，就要先通分，取7和4的最小公倍数28作分母，把$\frac{2}{7}$和$\frac{1}{4}$变成单位相同的$\frac{8}{28}$和$\frac{7}{28}$，这样就可以相加了，结果等于$\frac{15}{28}$。

毕达哥拉斯的学生人数

毕达哥拉斯是古希腊著名哲学家、数学家和天文学家。一次，有人问毕达哥拉斯有多少个学生，他并没

穿越

卓文君的数字诗

据传，汉代才貌双全的富家女卓文君曾与穷书生司马相如私奔成家。司马相如当官之后一度想抛弃她，给她的信里只有“一二三四五六七八九十百千万”这十三个字。卓文君明白了这就是“无亿（意）”的意思，当即回了一首数字诗：“一别之后，二地相悬，只说是三四月，又谁知五六年，七弦琴无心弹，八行书无可传，九连环从中折断，十里长亭望眼欲穿，百思想，千系念，万般无奈把君怨。万语千言说不完，百无聊赖十依栏，重九登高看孤雁，八月中秋月圆人不圆，七月半烧香秉烛问苍天，六月伏天人人摇扇我心寒，五月石榴如火偏遇阵阵冷雨浇花端，四月枇杷未黄我欲对镜心意乱。急匆匆，三月桃花随水转。飘零零，二月风筝线儿断。噫！郎呀郎，巴不得下一世你为女来我作男。”

毕达哥拉斯和他的数学题

有直接回答这个问题，而是出了一道有趣的数学问题：

我的学生一半在学数学，$\frac{1}{4}$学音乐，$\frac{1}{7}$沉默寡言，另外还有3名女生(每个学生只占一项)。你算一算我有多少名学生?

这是一道应用分数来解决实际问题的数学题。可以设毕达哥拉斯有x个学生，由题意，利用总人数减去学数学的学生人数，减去学音乐的学生人数，再减去沉默寡言的学生人数，等于3名女生。列出方程：

$$x-\frac{x}{2}-\frac{x}{4}-\frac{x}{7}=3$$

求出x＝28，即得到他有28个学生。

这个问题并不难解答，但毕达哥拉斯这种能在日常生活中发现数学问题的行为，为后人留下了数学来源于生活、生活中处处有数学的观念。

借马分马问题

从前，有一位商人临终前将他的三个儿子叫到身边说："我死后将11匹良马分给你们三人，你们要按照我的遗嘱去分配，老大分$\frac{1}{2}$，老二分$\frac{1}{4}$，老三分$\frac{1}{6}$,但不能把马杀死或者卖掉。"兄弟三人处理完老人的后事，准备按遗嘱分马，却总不能按整数来分得马匹。三人只好去请教聪明的牧马人。牧马人从自家牵来1匹马，与11匹马合在一起凑成了12匹马，让他们再按遗嘱分配，结果老大分得了12匹马的$\frac{1}{2}$，是6匹马；老二分得了12匹马的$\frac{1}{4}$，是3匹马；老三分得了12匹马的$\frac{1}{6}$，是2匹马。他们分得的马共6＋3＋2＝11匹，剩下的那匹马正好归还给了牧马人。三个兄弟十分佩服牧马人的聪明才智。利用这种方法，马匹数是41、23、19时都可以分到整匹马。

这种思想方法,其实是利用了"借"的学问，它可以解决生活中碰到的一些实际问题。如，郊游时买了24瓶饮料，喝完后，4个空瓶可以再换一瓶饮料(包括瓶子)，最多可以喝到多少瓶饮料?

这个问题可以这样思考：喝完24瓶饮料，用24个空瓶可以换6瓶饮料，喝完后，再用6个空瓶中的4个换一瓶饮料，喝完了，还有3个空瓶。利用"借马分马"的思想，可以向商店借一个空瓶，又可以换一瓶饮料，喝完后把这个空瓶再还给商店。这样，共喝到了24＋6＋1＋1，即32瓶饮料。

摩诃毗罗算题

摩诃毗罗是古代印度的数学家，生活在大约800～870年。在摩诃毗罗的著作中，就记载了分数的问题。

例如：国王、王后和4个王子分吃一堆杧果，国王取$\frac{1}{6}$，王后取剩下杧果的$\frac{1}{5}$，大王子、二王子和三王子取逐次剩下的$\frac{1}{4}$、$\frac{1}{3}$和$\frac{1}{2}$，最小的王子取剩下的3个杧果。问原有多少杧果?

用逆推法解：先设二王子取杧果后剩下x个杧果，减去三王子取走的$\frac{1}{2}$，剩下的就是小王子取到的3个，即得到：

$$x-\frac{x}{2}=3$$

求出二王子取走后剩下6个杧果；然后设大王子取杧果后剩下y个，减去二王子取走的$\frac{1}{3}$，就是剩下的6个，即得到：

$$y-\frac{y}{3}=6$$

求出大王子取杧果后剩下9个杧果；接着设王后取杧果后剩下z个杧果，减去大王子取走的$\frac{1}{4}$，就是剩下的9个，即得到：

$$z-\frac{z}{4}=9$$

求出王后取杧果后剩下 12 个杧果；再设国王取后剩下 a 个杧果，减去王后取走的$\frac{1}{5}$，就是剩下的 12 个，即得到：

$$a-\frac{a}{5}=12$$

求出国王取杧果后剩下 15 个杧果；最后设原来有 b 个杧果，减去国王取走的$\frac{1}{6}$，就是剩下的 15 个，即得到：

$$b-\frac{b}{6}=15$$

最后可求出原来有杧果 18 个。

分期付款问题

在现代社会中，用分期付款的方式买房、车和钢琴等大件商品是常见的消费形式，这就遇到了分期付款的问题。如钢琴售价为 15000 元，可以用分期付款的方式购买，要求首付 3000 元，剩余额的付款方式有以下两种：

①分成 4 个季度付清，每个季度还 3000 元，并且要同时依次还 3000 元的 3%、4%、5% 和 6% 的利息。

②剩余款一年后一次付清，同时还要付剩余款的 5% 作为利息。

第一种付款方式实际共还款：

3000×（3%+4%+5%+6%）+3000×4=12540（元）

再加上首付的 3000 元，一共付款 15540 元，比一次性购买多花 540 元。

第二种付款方式实际还款：

12000×5%+12000=12600（元）

再加上首付的 3000 元，一共付款 15600 元，比一次性付款要多花 600 元。

由此看来，第二种还款方式要比第一种多花 60 元。但是，第二种还款方式的优点是可以一年后一次性还款，这样资金可以在一年中继续使用，还免去了分 4 次还款的麻烦。由此可见，具体采用哪种付款方式购物，要根据自己的实际情况而定。

•超级视听•

毕达哥拉斯

纳税问题

缴纳个人所得税是每个公民的义务。按我国的税法规定，工资、薪金所得总数中 3500 元以内不纳税，超出的部分按表中税率纳税。

个人所得税税率表

工资、薪金所得适用		
级数	全月应纳税所得额（元）	税率（%）
1	不超过 1500 的部分	3
2	超过 1500 至 4500 的部分	10
3	超过 4500 至 9000 的部分	20
4	超过 9000 至 35000 的部分	25
5	超过 35000 至 55000 的部分	30
6	超过 55000 至 80000 的部分	35
7	超过 80000 的部分	45

如果小明的爸爸每月的工资为 5600 元，扣掉免税部分 3500 元，应纳税部分为 2100 元，那么他每月应缴纳多少个人所得税？这道题是实际生活中经常遇到的问题。根据表中所列税率，可知缴纳个人所得税要分段计算。

先算出 1500 元以内的部分，应纳税额为：

1500×3%=45（元）

然后算出 1500 至 2100 元的部分应纳税额为：

600×10%=60（元）

合在一起为：

45+60=105（元）

所以小明的爸爸应缴纳个人所得税 105 元。

数位与计数单位

“数位”是指一个数的每个数字所占的位置。一、十、百、千、万、十万、百万、千万、亿、十亿、百亿、千亿……都是计数单位。数位顺序从右端算起，第一位是“个位”，第二位是“十位”，第三位是“百位”，第四位是“千位”，第五位是“万位”等。在读数时，先读数字再读计数单位，例如：9063200 读作“九百零六万三千二百”。

数位与位数

我们已经说过，一个数的每个数字所占的位置，叫数位。而同一个数字，由于所在的数位不同，它所表示的数值也就不同。如在 30175 中，“7”在十位，表示 7 个十；而在 75013 中，“7”在万位，则表示 7 个万。

一个数所占数位的多少，叫位数。一个不是零的数字所表示的数是一位数，两个数字其中十位不能为零所表示的数是两位数，三个数字其中百位不能为零所表示的数是三位数，依此类推。比如，9 只含一个数位，是一位数；36 含两个数位，是两位数，186 含三个数位，叫三位数……75013 含五个数位，是个五位数，等等。

最小的一位数是 1，最大的一位数是 9；最小的两位数是 10，最大的两位数是 99。

三位数以上的数，称为多位数。比如，365、4321、89355、1356312 等，都是多位数。

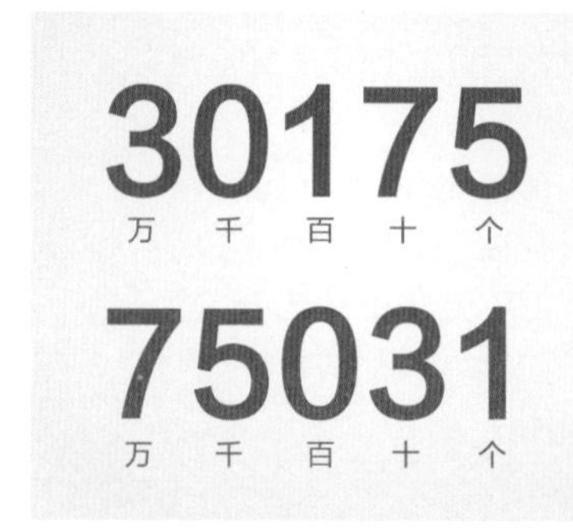

同一个数字所在位数不同，它所表示的数值也就不同。

古代人用石子的个数表示物品的多少

手指是古代人最简便和最方便的计数工具。因为手指只有 10 个，所以人们发明了十进制。

十进制计数法

远古时代，人们在生产劳动中需要数人数，数物品的个数，于是产生了数。那时人们虽然有计数的需要，但开始只知道同样多或同样少，还不会用一、二、三……来数物体的个数，于是就借助其他物品，如小石子。比如外出放羊时，每放出一只羊，摆一个小石子，共放出去多少只羊，就摆出多少个小石子。放羊回来时，再把小石子和羊一一对应起来。如果回来的羊和小石子同样多，就说明羊没有丢。在木棒上刻道也是一种计数方法。后来，随着语言、文字的发展，逐渐发明了一些计数的符号，但各个国家和地区的计数符号是不同的。随着社会的发展，人们交往的增多，才逐渐产生了像现在这样比较完善的计数方法。

“十进制计数法”是人类祖先在长期生产劳动中，经过反复实践和探索创造出来的。一添上一就是二，二添上一就是三，三添上一就是四，依次得到五、六、七、八、九。十个一是十，十是新的计数单位。以后十个十个地数，十个十是一百；一百一百地数，十个一百是一千；一千一千地数，十个一千是一万……

一、十、百、千、万……都是计数单位，相邻的两个计数单位间的进率是十，这样的计数法就是十进制计数法。

二进制计数法

二进制计数法是 17 世纪德国数学家 G.W. 莱布尼兹发明的。他认为中国《易经》中的八卦图形中的阴爻和阳爻正对应着他的二进制中的 0 和 1，体现了二进制的思想。

所谓二进制计数法，就是只用 0 与 1 两个数字，用这两个符号可以写出一切数字。在计数与计算时必须是“满二进一”，即每两个相同的单位组成一个与其相邻的较高的单位（所以任意一个二进制数只要用“0”或“1”表示就够了）。例如，2 在二进制中是 10；4 写成二进制数是 100。当前的计算机系统使用的算法基本上是二进制系统。

计算机上用的是二进制数

512	256	128	64	32	16	8	4	2	1
0	0	1	0	1	1	1	0	1	1

十进制数与二进制数对照表

十进制	二进制	十进制	二进制
1	1	9	1001
2	10	10	1010
3	11	11	1011
4	100	12	1100
5	101	13	1101
6	110	14	1110
7	111	15	1111
8	1000	16	10000

十进制与二进制的互化

十进制数化为二进制数，可以根据二进制数“满二进一”的原则，用 2 连续去除这个十进制数，直到商为 0，然后将每次所得的余数（只能是 0 或 1）按自下而上的顺序依次写出来，就是与这个十进制数相对应的二进制数。这种方法通常叫除以 2 取余法。为了简捷、清楚，可以采用短除式进行“除 2 取余”的运算。如将 9 改写成二进制数，我们可以按下面的方法进行换算：即：

2 | 9……1
2 | 4……0
2 | 2……0
　 1

二进制数改写成十进制数，只需将二进制数改写成各个数位上的数码与计数单位的积之和的形式，然后再计算出来就可以了。例如：

$(100101)_2=1\times2^5+0\times2^4+0\times2^3+1\times2^2+0\times2^1+1\times2^0=1\times2^5+1\times2^2+1\times2^0=(37)_{10}$

•超级视听•

穿越

趣味文字算式

五光十色 × 二人转＝百折不挠

50×2 ＝ 100

万年青 ÷ 百合花＝百花齐放

10000÷100 ＝ 100

一刀两断 × 三字经＝三头六臂

12×3 ＝ 36

三令五申＋一波三折＝四通八达

35 ＋ 13 ＝ 48

十万火急 × 十指连心＝百万大军

100000×10 ＝1000000

计算工具

计算工具是在人类的劳动生产和社会生活中产生的。远古时代穴居的先人们，在计算牲畜头数和群体人数时，想到用手指来计数。渐渐地，人类积蓄的财物越来越多，需要计算的数目越来越大，于是发明了结绳计数，后来又发明了算筹、算盘。而在 20 世纪 40 年代，电子计算机诞生了。

算筹和筹算

我国早在 2000 多年前的西汉时期就有算筹了。算筹是用来计算的工具，由一根根长为 13 ～ 14 厘米和粗为 0.2 ～ 0.3 厘米的小竹棍（或木头、兽骨、象牙、金属等材料）组成，约 270 枚左右为一束。人们平时把它们放在一个布袋里，系在腰部随身携带，以备计数和计算时随时取用。在算筹计数法中，以纵横两种排列方式来表示单位数目（如图）。

用算筹表示 9 以内的数

表示多位数时，个位用纵式，十位用横式，百位用纵式，千位用横式……以此类推，遇零以空位表示，如此可写出任意大的自然数。用算筹进行运算的过程叫筹算。筹算的加减法是从高位起逐位相加减。同一位的两数相加，满十向前位增一筹；同一位的两数相减，被减数不够减时向前一位取一筹作十再减。如下列算式：

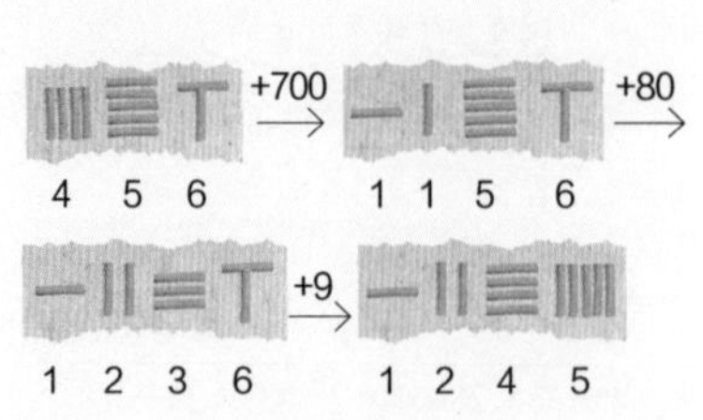

456 + 789 的筹算过程

筹算的乘除法利用乘法九九表。用算筹进行乘除法的计算，在《孙子算经》《夏侯阳算经》中都有详细的例题。例如 56×78 的计算过程如下：

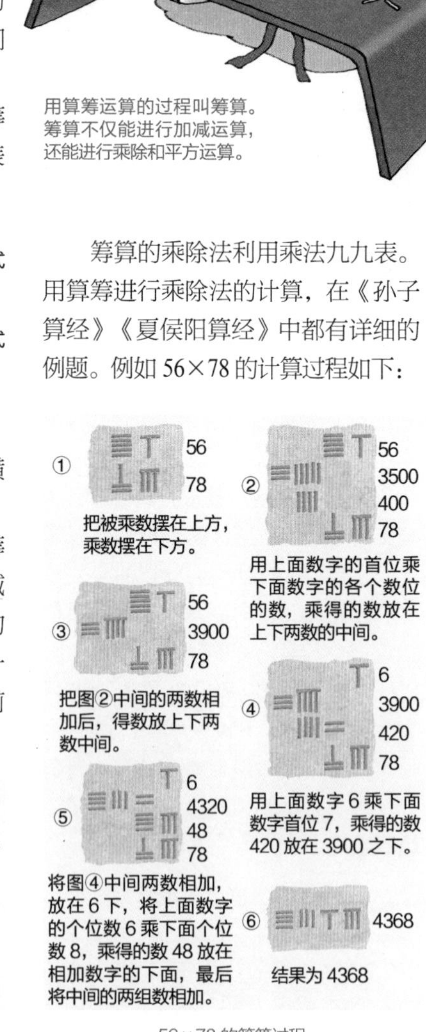

用算筹运算的过程叫筹算。筹算不仅能进行加减运算，还能进行乘除和平方运算。

56×78 的筹算过程

算盘

算盘是中国古代数学继算筹之后的又一项重大发明。汉代《数术记遗》一书中，曾记载了14种古算法，其中就有“珠算”。据南北朝时期数学家甄鸾的描述，这种“珠算”，每一位有五颗可以移动的珠子，上面一颗相当于五个单位；下面四颗，每一颗相当于一个单位。这是关于珠算的最早的记载。

大约到了宋元时期，人们根据算筹计算原理，在结构上加以改造创新，发明了算盘。算盘上面的珠子一个代表5，下面的珠子一个代表1，是从算筹延续下来的。算筹的运算规则和口诀，算盘也都继续使用。

利用算盘可以做加减乘除四则运算，还可以乘方开方，即使是多元高次方程一类的高深数学难题，同样可以利用算盘解出。

到了明代，算盘已经极为普及。明代的算盘不但彻底淘汰了算筹，而且与现代用的算盘完全相同。从15世纪开始，中国的算盘逐渐传入日本、朝鲜、越南、泰国等地，以后又传播到了西方。

由于算盘运算方便、快速，而且好携带，几千年来，它一直是中国普遍使用的计算工具。北宋名画《清明上河图》中赵太丞家的药铺就有一把算盘。不但中国如此，就连有“电脑王国”之称的美国和日本，也十分重视珠算。所以，即使在计算机已被普遍使用的今天，算盘不但没有被废弃，反而得到了广泛的应用。

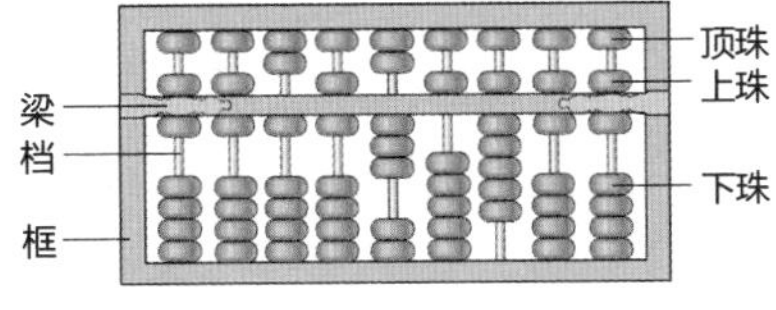

算盘

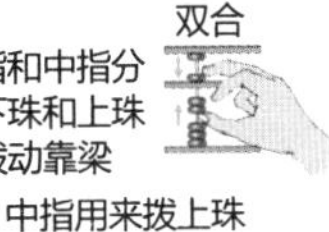

算盘基本拨法

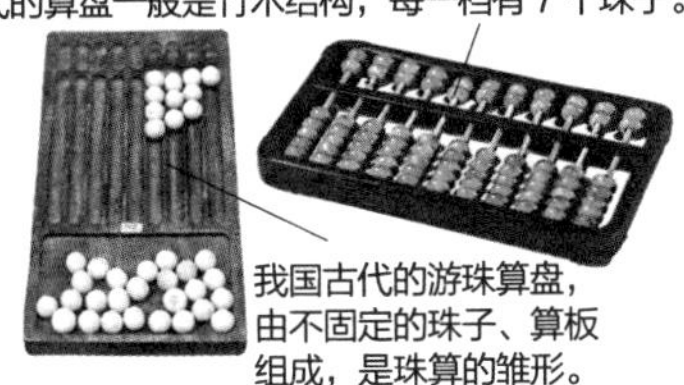

古代算盘

现代计算机

现代科技的发展使高级计算工具应运而生，这就是计算机，俗称电脑。计算机既可以进行高速的数值计算，又可以进行逻辑计算，还具有存储记忆功能。它是能够按照程序运行，自动、高速处理海量数据的现代化智能电子设备。

世界上第一台电子计算机出现于1946年，它是美国宾夕法尼亚大学莫尔学院研制成功的，主机采用电子管器件，体积非常大，计算速度为每秒几千次。我国从1956年开始电子计算机的研制工作，1958年试制成功第一台以电子管为元件的电子计算机，1965年研制成功以晶体管为元件的电子计算机。2013年研制成功的“天河二号”超级电子计算机的运算速度达到每秒约3.39亿亿次。

现有的超级计算机运算速度大都可以达到每秒兆（万亿）次以上。科学家预计，未来将研制出运算速度超过每秒百万万亿次的超级计算机。

穿越

电脑能算命吗？

把21个苹果放到4个抽屉里，至少有一个抽屉里放6（4×5＋1）个苹果，即把多于$m\times n$个物体放到n个抽屉里，则至少有一个抽屉有$m+1$个或多于$m+1$个的物体。这就是数学的抽屉原理。我们来看电脑算命，如果以70年来计算，按出生年、月、日、性别的不同组合，“抽屉”数就是70×365×12×2＝613200，我国以13亿人口计，1300000000＝613200×2120＋16000，即至少有18120（2120＋16000）个人命运相同。这可能吗？所以电脑算命只是个游戏，不可当真。

掌上计算器虽然个头儿小，运算速度却很快。

现代大型电子计算机

数学思维

我们知道，魔方共有 6 个面。因为正方体的 6 个面两两平行，一共 3 组，而平行的两个面你是无法同时看到的，因此你知道最多能看到其 3 个面，这就是最简单的数学思维。我们需要学会用数学的抽象模型来思考并解决问题。

麦比乌斯带

常用的纸张都有正反两个面，数学上把这种有里外之分的面叫双侧面。如果我们剪一张细长的白色纸条，把其中的一面涂上绿色，然后把它的两端粘起来，就得到一个纸环。沿着绿色一面写一句很长的话，直到和第一个字接上为止，打开纸环，发现所写的字都在绿色的一面上。相反，如果是在白色的那面写一圈字，打开后发现所写的字都在白色的这面上。

那么有没有可能，不用翻面写一句很长的话，就能把纸的两面都写满字呢？

让我们一起做个实验：找一张细长的白色纸条，按图示在两面分别涂上绿色和黄色，将一端翻转 180°后再把两端粘上，这样得到一个纸环（如图）。

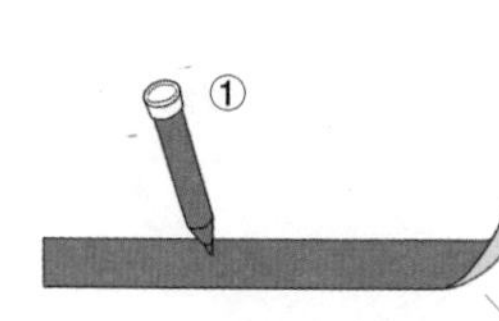

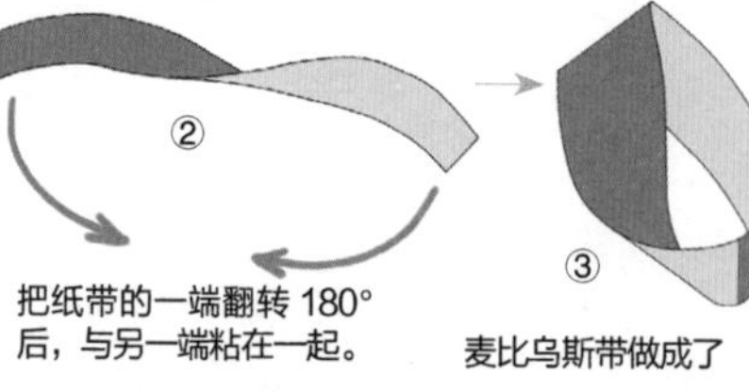

制作麦比乌斯带的方法

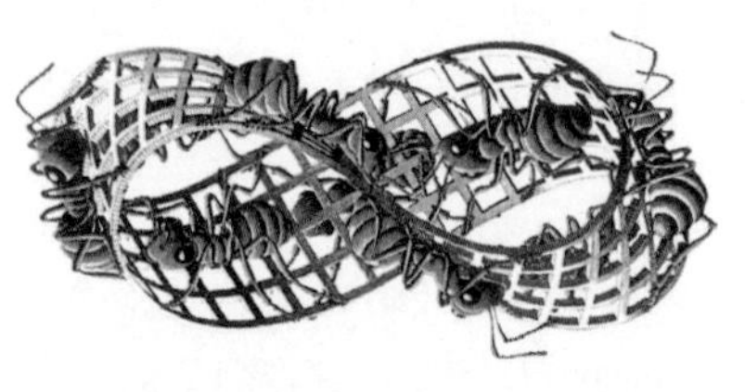

只要顺着麦比乌斯带爬行，蚂蚁就永远无法走到尽头，就好像进入了一个怪圈。

然后拿出一支红色水彩笔，从绿色的面上找一个起点，画一条红色的线，水彩笔不离开纸面，一直画下去，画完把纸环打开后发现，当水彩笔尖回到起点时，已经把绿色和黄色两面都画上了红线。

不用越过边缘只用一笔就能把纸的两面都画上红线，这样的纸环只有一个面，两条边。数学上，把这种没有里外面之分的面叫单侧面。

这种神奇的带子，是由德国数学家 A.F. 麦比乌斯首先发现的，为了纪念他的发现，人们叫它麦比乌斯带。

如果我们把刚才做好的麦比乌斯带，沿着红线剪开，会不会一分为二呢？实验结果表明，剪开后会得到一个更大的纸环。接着再沿这个大纸环的中间剪开，还会出现两个互相联串的纸环。不信你可以试试。

科赫曲线

1904 年，瑞典数学家 H. V. 科赫以自然界的雪花为模型，构造出一条神奇的曲线，其构造过程如下：

以一个边长为 1 的正三角形图 A 为基础，将正三角形的每条边做 3 等分，以中间的 $\frac{1}{3}$ 为底边向外做等边三角形，得到图形 B。再对图形 B 每条边做 3 等分，重复上面的操作得到图形 C。如此不断继续做的等分，所得的图形就是科赫曲线。

科赫曲线是一种外形像雪花的几何曲线，所以又称为雪花曲线。由于雪花曲线的构造步骤可以无限分下去，因此它只是一条理想曲线，永远也分不到头。如果用放大镜去看科赫曲线每一个细小的部分，它都与整体的结构是完全相似的，这就是科赫曲线的自相似性。

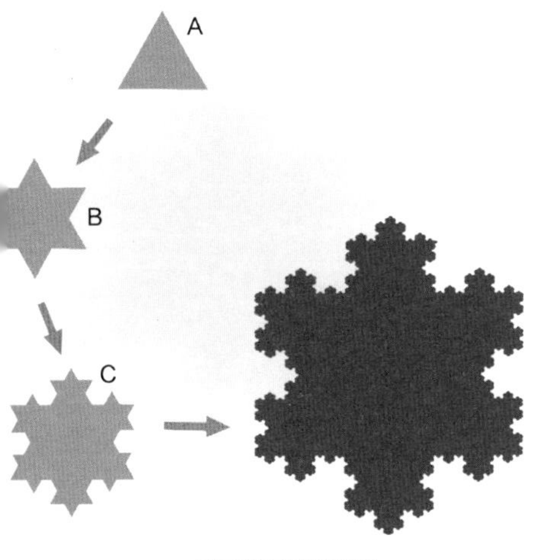

制作科赫曲线的步骤

科赫曲线还有着许多极不寻常的特性，不但它的周长为无限大，而且曲线上任两点之间的距离也是无限大。虽然曲线长度无限，却包围着有限的面积。

罗素悖论

悖论指在逻辑上可以推导出互相矛盾之结论，但表面上又能自圆其说的命题或理论体系。悖论的出现往往是由人们对某些概念的理解不够正确导致的。

罗素悖论是罗素于 1901 年提出的，其通俗形式是“理发师悖论”，即在某个城市中有一位理发师，他的广告词是这样写的：“本人的理发技艺十分高超，誉满全城。我将为本城所有不给自己刮脸的人刮脸，我也只给这些人刮脸。我对各位表示热诚欢迎！”来找他刮脸的人络绎不绝，自然都是那些不给自己刮脸的人。可是，有一天，这位理发师从镜子里看见自己的胡子长了，他本能地抓起了剃刀，你们看他能不能给他自己刮脸呢？如果他不给自己刮脸，他就属于“不给自己刮脸的人”，他就得给自己刮脸；而如果他给自己刮脸呢？他又属于“给自己刮脸的人”，他就不该给自己刮脸。

悖论看起来很有趣，却常令科学家们感到苦恼。特别是数学，以严密的逻辑推理为基础，更容不得任何自相矛盾的命题或结论。悖论的出现说明有些概念和原理中还存在着不完善、不准确的地方，有待数学家们进一步探讨和解决。

转化

总结我们处理数学问题的经验，就会发现，我们常常把亟待解决的问题转化为一个比较熟悉、相对简单，或者已经解决的问题来解决。这样做的目的是调动和利用已有的知识、经验和已掌握的方法来解决问题。这就是人们常说的“转化”。利用“转化”解决数学问题时，要注意将复杂、抽象、陌生的问题，向简单、具体、熟悉的问题转化，而不是向相反的方向转化。

例：在自然数 1 ～ 100 中，求不能被 3 整除的所有自然数的和。

直接求比较麻烦，我们可以把它转化为求自然数 1 ～ 100 的和，以及求 1 ～ 100 中能被 3 整除的自然数的和，然后，再用自然数 1 ～ 100 的和减去能被 3 整除的自然数的和，这样问题就可以解决。“转化”是解决问题的捷径，它可以起到四两拨千斤的巧妙作用。用好它，我们可以解决很多数学问题。

穿越

白马是不是马

日常生活中，你会听到一些明明毫无道理，却振振有词的话，一下子难以驳倒，这一般都是割裂个别与一般的诡辩。

“白马非马”的理论是我国2000多年前一个叫公孙龙的人提出的。公孙龙认为，如果白马是马，黑马也是马，马又是黑马又是白马，那么黑马就是白马，黑就是白了。这真是令人啼笑皆非的诡辩呀！

公孙龙的诡辩术是什么呢？原来他是在那里偷换概念。白马和马是部分与全体的概念，部分属于全体，全体包括部分，所以不能把部分和全体等同。偷换概念，是善于狡辩的人的惯用伎俩。

奇妙的周期性

周期性，也称循环，是一个非常重要的规律，不少繁杂的问题，只要发现其中的周期性，问题就能迎刃而解。例如，节日的夜晚，灯火辉煌，霓虹灯五颜六色，美丽极了。观察彩灯的排列规律，我们发现彩灯总是按照一盏红灯、两盏黄灯、一盏蓝灯这样的顺序依次排列。问如果依照这个规律，如果第一盏是红灯，那么第50盏灯会是什么颜色呢？解答这个问题时，我们可以把一盏红灯、两盏黄灯、一盏蓝灯作为一个周期，即4盏灯一循环，用50÷4＝12…2，这样就是有12个周期，还余2盏灯，所以第50盏灯是黄灯。

先有鸡还是先有蛋

“先有鸡还是先有蛋”是一个有趣的流传很广的话题，常常让人们无法回答。因为，如果说先有鸡，那么鸡应该是从蛋里孵出来的，这样岂不是先有蛋？如果说先有蛋，那蛋应该是鸡生的，这样不又应该先有鸡吗？这个问题真是让人很难下定论。

其实，根据生物进化理论，鸟类是由爬行类动物的一支发展而来，而鸟类中某一分支，又进化成了现代的鸡。鸡的祖先，因为遗传性的改变，产生出了一些蛋，这些蛋孵化成最早的鸡。通过进化，才逐渐出现了现在的鸡。其演变过程如下图：

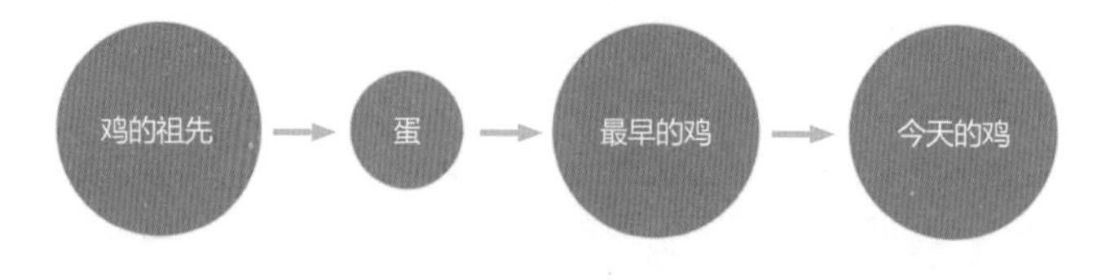

在这个过程中的“蛋”，有没有资格叫“鸡蛋”呢？要是它可以叫鸡蛋，答案就是先有鸡蛋。如果认为最早的鸡蛋不是鸡生的，所以不能算“鸡蛋”，那么答案就是先有鸡，而最早的鸡，是从一种不叫“鸡蛋”的蛋里孵出来的。换句话说，如果规定鸡生的蛋才叫“鸡蛋”，就是先有鸡。如果规定孵出鸡的蛋就是“鸡蛋”，那么就是先有鸡蛋。所以，要回答“先有鸡还是先有鸡蛋”的关键是如何界定“鸡蛋”的定义。

抓不变量

有些数学题因为数量关系较为复杂，在进行求解时会有一定的难度，这时可抓住诸多量中一个不变的量进行分析与解答。

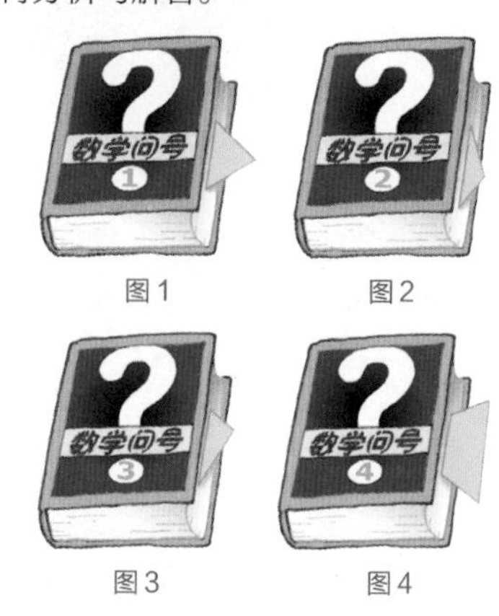

图1 图2 图3 图4

例：上图中每一本书里都夹一个三角形，要判断书中所夹的各是什么三角形，需用什么方法呢？

三角形按角来分，可分为：钝角三角形（有一个角是钝角）、直角三角形（有一个角是直角）、锐角三角形（三个角都是锐角）。由于三角形内角和是180°，所以三角形三个内角中，只要有也只有一个内角是钝角或直角，就能判断这个三角形是钝角三角形或直角三角形，而锐角三角形必须三个内角都是锐角才能做出判断。

三角形按边分，有一般三角形（三条边不等，三个内角也不等）、等腰三角形(有两条边相等或两个内角相等）以及等边三角形（三角形中三条边相等或三个内角都是60°）。正确判断是什么三角形，主要是根据三角形的基本特征。等腰三角形主要看三角形中，是否有两条边相等或两个内角相等；判断等边三角形主要看三角形中三条边是否相等或三个内角是否都是60°。因此我们可以判断：

图1无法看出是什么类型的三角形，因为只看见一个锐角。

图2是钝角三角形，因为这个三角形露出的一个角是钝角，所以就能判断出它是钝角三角形。

图3是直角三角形，因为这个三角形露出的一个角是直角，所以就能判断出它是直角三角形。

图4是等腰三角形，因为这个三角形露出的两个角都相等，而且不等于60°，所以能判断出它是等腰三角形。

换个角度找规律

图形题常常在变化中蕴涵着不变的量,只要换个角度找出其中的规律，就能很容易地解决问题。有这样几个例子：

①小明搬了新家，准备把他的房间安排在阁楼上，妈妈打算给阁楼的楼梯铺上地毯，但是妈妈为要买几米地毯而发愁。这时小明想了一个好办法，先测量地面楼梯所占的长度，再测量楼梯的高度，它们的和就是需要地毯的长度。小明的做法依据是把楼梯的高度向右移，就是宽，每一阶的楼梯的宽度往上移就是长，所以长与宽的和就是楼梯的总长度（如图1）。

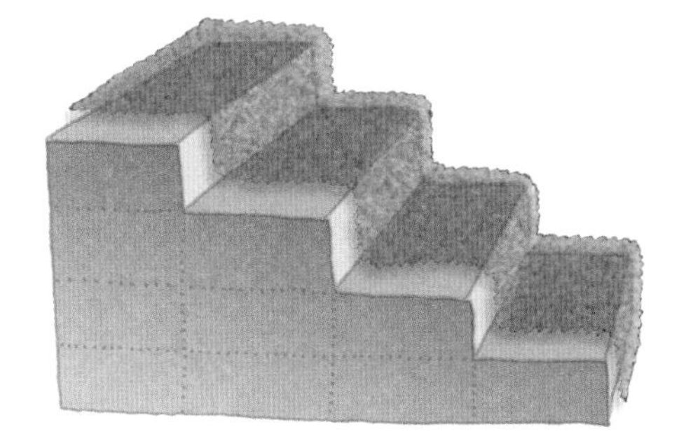

图1

在这里把楼梯的形状改为长方形，虽然形状不同，但是周长相等，周长是个不变的量。

②有个古建筑的防盗门，在两个立着的方柱之间有多个方柱连接，但方柱截面的对角线平行或垂直于地面（如图2），你知道这是为什么吗？这是因为正方形的对角线约为边长的1.4倍，是正方形中最长的线段。两个方柱这样放，方柱之间的距离最小，既可防盗又省材料。在这里正方形的对角线约为边长的1.4倍，是个定量。

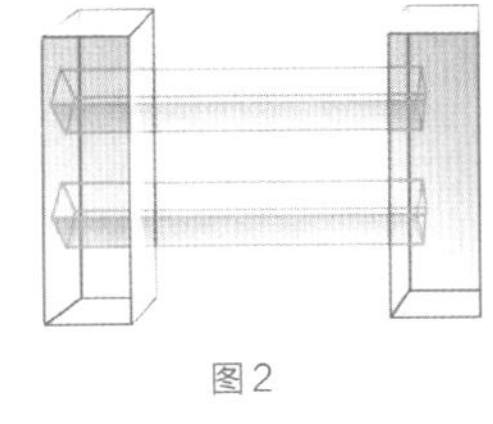

图2

③一个圆，沿着直径切成若干个相等的扇形，拼成不同的图形，形状改变，面积不变（如图3）。

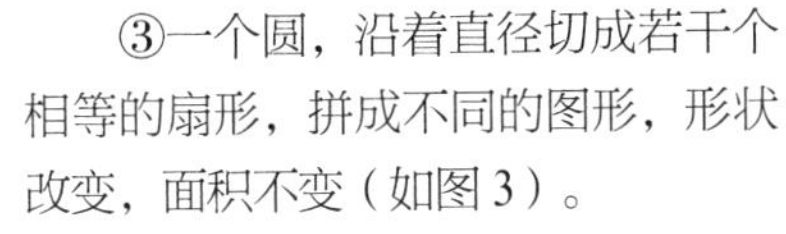

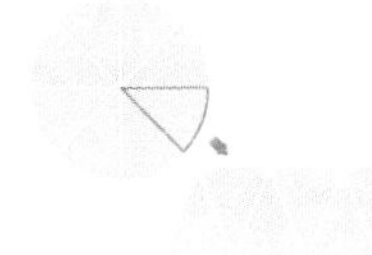

图3

④大圆直径上6个小圆的周长之和与大圆周长哪个长呢？根据大圆的直径等于6个小圆的直径和可得它们是一样长（如图4）。这里只要找到圆的直径相等，其周长也等于这个定量，就容易解决问题。

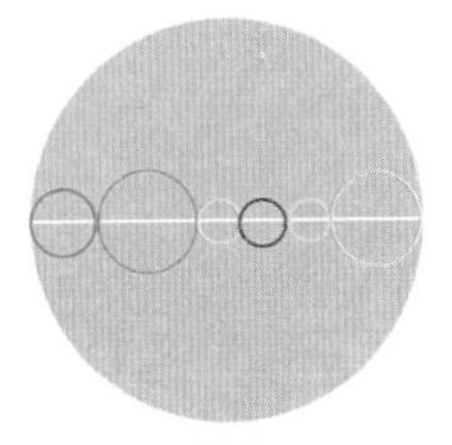

图4

平均数

生活中经常出现“平均”一词，如篮球运动员的平均身高、汽车行驶的平均速度、原油的平均产量等，它们都与平均数有关，可到底什么是平均数呢？

穿越

最高分和最低分

现在媒体上的各种公开比赛，如歌手大奖赛等，各个评委亮分后，总是“去掉一个最高分，再去掉一个最低分”，然后再计算成绩，这是为什么呢？

如果数据中出现一两个极端数据，那么平均数对于这组数据所起的代表作用就会削弱，所以为了避免这种情况发生，人们就将少数极端数据去掉，只计算余下的数据的平均数，并把所得的结果作为全部数据的平均数，以避免极端数据造成的不良影响。

平均数的概念

古希腊数学家毕达哥拉斯所定义的算术平均值是指这样一个数，它超过第一个数的量正好等于第二个数超过它的量，即算术平均值就是两数中间的值。对给定的两个数a和b，其算术平均值为$(a+b)\div 2$。今天我们常称这个平均值为平均数。求a_1、a_2、a_3、…、a_n的平均数，我们先求所有项的和，然后再除以项数得到：

$$(a_1+a_2+a_3+\cdots+a_n)\div n$$

生活中的平均数

用平均数的含义来解释生活中的例子有：10名队员平均身高2米，是说这10名队员有的人不到2米，有的人高于2米，有的人可能正好2米。河水的平均深度是1.2米，可能是每一处的水深都是1.2米，也可能有的地方比1.2米深，有的地方不到1.2米。身高1.5米的小明在这条河里游泳时，如果每一处的水深都不超过1.2米，那么小明在这里游泳就没有危险；如果有的地方比1.2米深，小明在这里游泳就可能有危险。

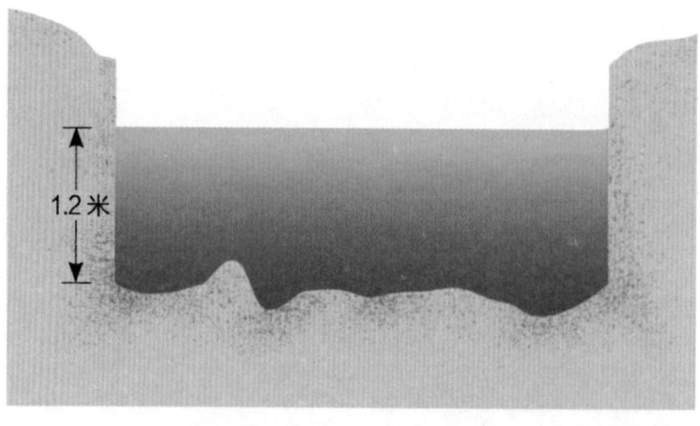

水的平均深度为1.2米，但每一处的深度并不相同。

移多补少求平均

移多补少求平均是求平均数最基本的方法，它是把大数给小数一些，使几个数都相等，即把几个数之间的“差”扯平。例如，小红、小明、小丽和小强4人，每人出同样多的钱买了一些同样的小礼物，小明拿了10个，小强拿了6个，小红拿了5个，小丽拿了7个，结果小红有些不高兴。你能想办法帮助他们解决这个问题吗？

我们用图表示他们各自拿到的礼物，如何分配才最合理呢？

小明

小强

小红

小丽

小明、小强、小红、小丽各自所拿的礼物数

我们可以用移多补少的方法使4人得到的礼物数同样多，也就是求出4人的平均数。

从图中我们看出平均每人可以得到7件礼物。那么7就是10、6、5、7的平均数。通过观察我们发现：平均数7比拿到最多的10要少，比拿到最少的5要多。

概率

概率这个词，经常在我们的生活中出现，诸如天气预报中的“降水概率”，购买彩票中的“中奖概率”，打保龄球的“命中概率”等。那么概率究竟是什么？简言之，在自然和社会现象中，某种事件在相同条件下由于偶然因素的影响可能发生也可能不发生，表示这种事件发生的可能性大小的量，就叫概率。

概率与随机事件

在一定条件下，有些事情必然会发生，这样的事件被称为必然事件。而有些事件必然不会发生，这样的事件被称为不可能事件。还有些事件事先无法确定它会不会发生，在一定条件下，可能发生，也可能不发生，这种事件则被称为随机事件，也叫不确定事件。地球的自转、公转都属于必然事件。而在地球上要想看到太阳在东方落下，则是不可能事件。小明投篮未中、掷骰子掷出 6 点、遇到红灯、打靶命中靶心等等都属于随机事件。

一般随机事件发生的可能性可大可小，不同随机事件发生的可能性大小不同，这个可能性大小的数值，就是概率。多用 P 表示。必然事件概率为 1，不可能事件概率为 0，随机事件概率在 0 和 1 之间。如果试验（包括事件 A、事件 B、事件 C……）发生的结果总数是 n，且它们发生的可能性都相等，其中事件 A 发生的可能性是 m，那么事件 A 发生的概率为：

$$p(\mathrm{A})=\frac{m}{n}$$

（m——事件 A 包含的结果数；n——试验包含的结果总数）

例：掷一个骰子，观察向上一面的点数，求事件发生的概率：①点数为 2；②点数为奇数；③点数大于 2 且小于 5。

解：掷骰子时，向上一面的点数可能有 6 种情况，它们分别是 1、2、3、4、5、6，其中每种可能性出现的情况相等，所以：

① P（点数为 2）$=\frac{1}{6}$

② 点数为奇数的可能性有 3 种，即点数为 1、3、5，所以

P（点数为奇数）$=\frac{3}{6}=\frac{1}{2}$

③ 点数大于 2 且小于 5 有 2 种可能，即点数为 3、4，所以

P（点数大于 2 且小于 5）$=\frac{2}{6}=\frac{1}{3}$

同一天过生日的概率

假设有 50 个人一起参加活动，其中两个人同一天生日的概率是多少呢？也许大部分人都认为这个概率非常小，然而正确答案是：如果这群人的生日均匀地分布在日历的任何时候，两个人拥有相同生日的概率是 97%。

乍听上去，这个概率很高，但通过分析，你就会发现一点也不奇怪了。两个特定的人生日相同的概率是 $\frac{1}{365}$，随着群体人数的增加，群体中两个人拥有相同生日的概率会更高。比如在 10 人一组的团队中，有两个人拥有相同生日的概率大约是 12%；在 50 人的聚会中，这个概率大约就是 97%。然而，只有人数升至 366 人（其中有一人可能在 2 月 29 日出生）时，你才能确定这个群体中一定有两个人的生日是同一天的。

生日的奥秘

统筹与安排

日常生活中，许多常见的事情都包含了数学中的最优化思想，即在尽可能节省人力、物力和时间的前提下，争取获得在可能范围内的最佳效果。最优化问题涉及统筹、线性规划、排序不等式等内容，这就是统筹与安排。

炒鸡蛋问题

妈妈做炒鸡蛋这道菜，要做以下几件事：敲蛋10秒，把葱洗净10秒，切葱花15秒，搅蛋20秒，洗锅30秒，把油烧热1分钟，炒蛋3分钟，装盘10秒，妈妈至少要用多长时间才能把鸡蛋炒好？

从以上信息中我们可以看出，妈妈炒鸡蛋有8件事要做：敲蛋、洗葱、切葱花、搅蛋、洗锅、把油烧热、炒蛋、装盘。其中，油热的同时可以敲蛋、洗葱、切葱花、搅蛋，时间都来得及。所以做事的顺序可以是：洗锅—烧热油—炒蛋—装盘。我们用下表来表示“工作程序”：

炒鸡蛋的“工作程序”

步骤	1	2	3	4
事情及时间	洗锅（30秒）	烧热油（1分钟）	炒蛋（3分钟）	装盘（10秒）
同时完成的事情及时间		洗葱（10秒） 切葱花（15秒） 敲蛋（10秒） 搅蛋（20秒）		

炒鸡蛋有学问

从工作程序表可以看出，妈妈炒蛋要用30秒（洗锅）+1分钟（烧热油，等油热的同时还可做其他事情）+3分钟（炒蛋）+10秒（装盘）=4分40秒，所以妈妈炒鸡蛋用4分40秒时间就够了。如果妈妈一样一样地做，则要花费5分35秒。

上学前的事情怎样安排

阳阳每天上学前有好几件事要做：整理房间5分钟，刷牙洗脸5分钟，室内锻炼5分钟，听广播30分钟，吃早饭10分钟，收拾碗筷5分钟，读英语20分钟，整理书包2分钟。阳阳6时起床，7时能做完所有事情出发上学吗？最早能几时出发呢？

如果不用统筹方法，所用时间总共为5+5+5+30+10+5+20+2=82（分钟），远远超过了规定时间1小时。要想节省时间首先就应该想哪些事能同时做。

分析得出，听广播的同时可以做其他事，如：整理房间、刷牙洗脸、室内锻炼、吃早饭、收拾碗筷、整理书包，如果把这些做事情的时间都加起来，即5+5+5+10+5+2=32（分钟），超过了听广播的30分钟。所以还要减掉一些事。可以有两个较优方案：

方案一

步骤	1	2	3	共计
事情及时间	听广播（30分钟）	整理房间（5分钟）	读英语（20分钟）	55分钟
同时完成的事情及时间	刷牙洗脸（5分钟） 室内锻炼（5分钟） 整理书包（2分钟） 吃早餐（10分钟） 收拾碗筷（5分钟）			

步骤	1	2	3	共计
事情及时间	听广播（30分钟）	整理书包（2分钟）	读英语（20分钟）	55分钟
同时完成的事情及时间	刷牙洗脸（5分钟） 室内锻炼（5分钟） 整理房间（5分钟） 吃早餐（10分钟） 收拾碗筷（5分钟）			

比较以上两种方案可以发现，在听广播的30分钟内同时做的事有些差异，导致了最后所用时间也不同。在方案一中，听广播时刷牙洗脸5分钟，室内锻炼5分钟，吃早饭10分钟，收拾碗筷5分钟，整理书包2分钟，总共用的时间是27分钟，与30分钟听广播比较有3分钟的空余。而在方案二中，听广播时刷牙洗脸5分钟，室内锻炼5分钟，整理房间5分钟，吃早饭10分钟，收拾碗筷5分钟，总共用的时间恰好是30分钟，这样相当于提高了听广播30分钟的效率，就达到了更省时间的目的。所以，按照方案二的顺序安排，最早可以在6:52出发上学。由此可见，善于动脑筋、合理安排身边的小事，就会得到意想不到的效果。

打水问题

有4个人同时提着水壶打水。甲拿了1个水壶，乙拿了4个水壶，丙拿了2个水壶，丁拿了3个水壶。现在只有1个水龙头，灌满每个水壶的时间是1分钟。请问让他们按照怎样的先后顺序排队，才能使他们等候的总时间最短？

按照用时最短的要求，应安排拿水壶最少、用时最短的在前面，拿水壶最多的在最后。这样可以减少每个人等候的时间。甲拿1个壶，排第一。乙拿4个壶排最后。所以应按照甲、丙、丁、乙的顺序排队。这样他们等候的总时间就最短了。

排队打水有窍门

图书馆借书问题

在图书馆借书的人很多，有的人还会一次借多本书，要想尽快让每个人都拿到书，就要利用统筹法。

已知1：李红、翁军、言旭三名同学同时到图书馆去借书。李红借漫画书需要5分钟，翁军借故事书需要7分钟，言旭借科技书需要3分钟。

已知2：图书馆只有钟老师一人。

现在需要你思考的是：钟老师应该如何安排这三名同学借书的先后次序，才能使三名同学留在图书馆的时间总和最短？最短又需要多少分钟？

按照统筹方法来分析，钟老师应该先给需要时间短的同学借书，借书时间长的最后借。即先给言旭借科技书，再给李红借漫画书，最后给翁军借故事书。

那么，他们三人所用的时间分别为：言旭借科技书花费了3分钟；李红在言旭借书时等了3分钟，自己借漫画书花费了5分钟；翁军在言旭借书时等了3分钟，在李红借书时等了5分钟，自己借故事书花费了7分钟。

3名同学一共用了：

3＋（3＋5）＋（3＋5＋7）＝26（分钟）。

所以，钟老师应该按照先借给言旭、再借给李红、最后借给翁军的顺序借书，使他们在图书馆的时间总和最短，是26分钟。

图书馆里也有数学问题

名题

数学不是纸上谈兵。通过数学思维和方法，我们能够解决生活中一些具体而形象的问题。从古至今，有些问题的解答因为方法巧妙、广为传播而成为“名题”。学习其中蕴含的智慧，能够帮助我们提高分析和解决实际问题的能力。

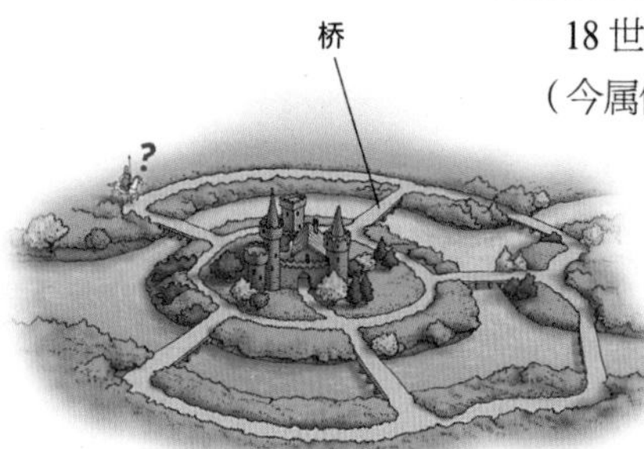

七桥问题不知道难住了多少勇士

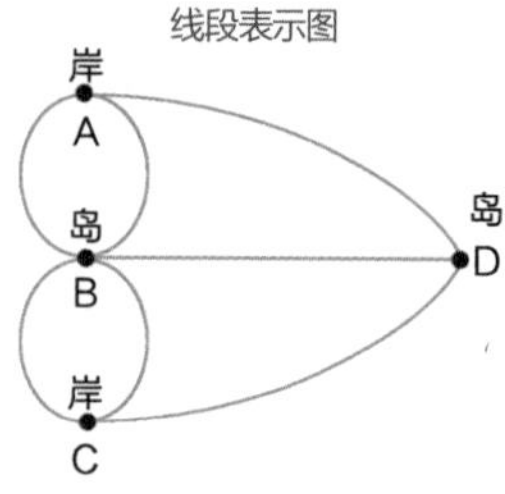

A、C 分别表示两岸，B、D 表示两岛，七条弧线表示七座桥，一笔能画出这张图吗？

哥尼斯堡七桥问题

18 世纪初，东普鲁士的哥尼斯堡（今属俄罗斯）是一座美丽的城市，普雷格尔河流经此镇，这条河中有两个小岛，还有七座桥横跨河上，把全镇连接起来。当地居民热衷于一个有趣的数学游戏：一个游人怎样才能不重复地走遍七座桥，最后又回到出发点。对于这个貌似简单的问题，当时许多人跃跃欲试，但都没有获得成功，这就是有名的哥尼斯堡七桥问题。后来瑞士数学家 L. 欧拉用一个非常巧妙的方法解决了这个问题。

欧拉认为，人们关心的只是不重复地走遍七座桥，而并不关心桥的长短和岛的大小，因此他用点表示岛和陆地，用两点之间的连线表示连接它们的桥，把河流、小岛和桥简化为一个网络，这样一个实际问题就转化成了一个简单的几何图形，七桥问题归结为“一笔画”问题。他不仅解决了此问题，且给出了连通图可以一笔画的重要条件是：奇点的数目不是 0 个就是 2 个，即连到一点的线条数目如是奇数条，就称为奇点，如果是偶数条就称为偶点，要想一笔画成，必须中间点均是偶点，也就是有来路必有另一条去路，奇点只可能在两端，因此任何图能一笔画成，奇点要么没有，要么在两端，因此七桥问题的走法是不可能的。

鸡兔同笼

大约在 1500 年前，《孙子算经》中记载了这样的一道题：“今有雉兔同笼，上有三十五头，下有九十四足，问雉兔各几何？”这四句意思就是：有若干只鸡和兔在同一个笼子里，从上面数，有 35 个头；从下面数，有 94 只脚。求笼中各有几只鸡和兔？这就是古代名题——“鸡兔同笼”问题。这类题目有很多种求解方法。

①画图解题：我们可以用画图的方法帮助解题。假设 35 个头都是鸡，每只鸡有 2 只脚（如图）。这样就有 2×35 也就是 70 只脚，比实际 94 只脚

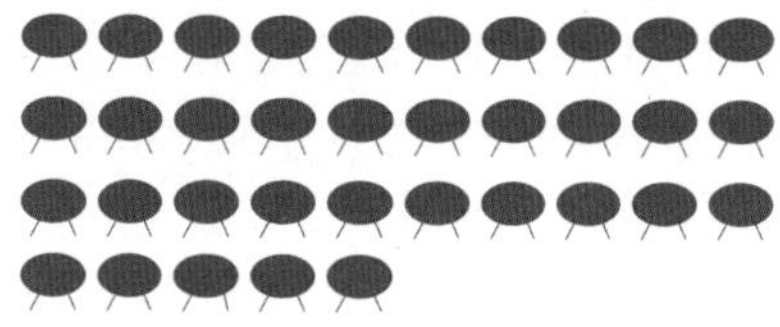

少了 24 只脚，为什么呢？因为兔有 4 只脚，而我们算成 2 只脚，每只兔子少算了 2 只脚，那么几只兔子少算了 24 只脚？从下图中观察可知，有 12 只兔子。所以笼里有兔子 12 只、鸡 23 只。

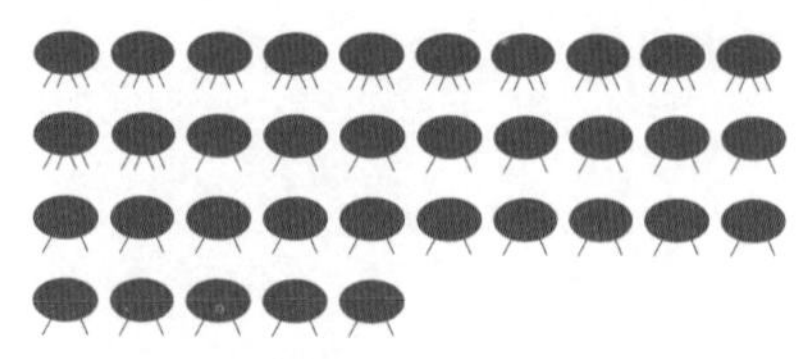

②列表解题：

也可以用列表的方法帮助解题。假设有5只鸡，那么就有35－5＝30只兔。已知每只鸡有2只脚，每只兔子有4只脚，5只鸡和30只兔共有2×5＋

4×30＝130只脚，这样与条件产生矛盾，说明假设错误，修改假设。接着假设有10只鸡、25只兔，就有2×10＋4×25＝120只脚，同样与条件不符。依此方法逐一假设，一一列举，列出下表：

	头	脚	头	脚	头	脚	头	脚	头	脚
鸡	5	10	10	20	15	30	20	40	23	46
兔	30	120	25	100	20	80	15	60	12	48
合计	35	130	35	120	35	110	35	100	35	94

从表中可以看出，当有23只鸡、12只兔时，就有2×23＋4×12＝94只脚，正好符合题意。

③用代数法解题：

代数的方法相对来说不需要那么多的技巧：设笼中共有x只鸡、y只兔，则依题意有方程组

$$\begin{cases} x+y=35 \\ 2x+4y=94 \end{cases}$$

用加减消元法或代入法解之可得$x=23$，$y=12$，所以笼中有23只鸡、12只兔。

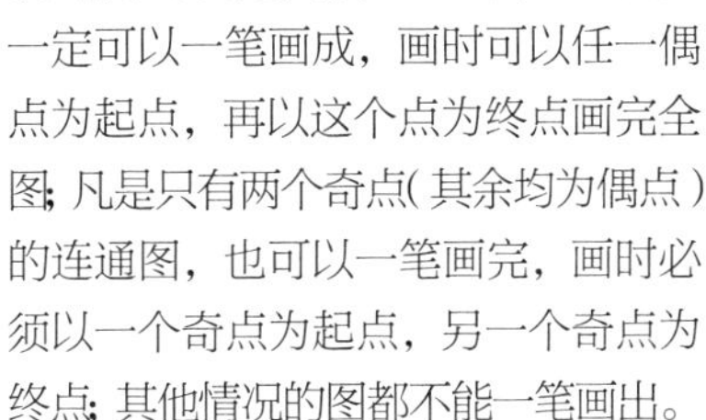

孙子巧解鸡兔同笼

孙子提出了大胆的设想。他假设砍去每只鸡、每只兔一半的脚，则每只鸡就变成了“独脚鸡”，而每只兔就变成了“双脚兔”。这样，“独脚鸡”和“双脚兔”的脚就由94只变成了47只；而每只“鸡”的头数与脚数之比变为1∶1，每只“兔”的头数与脚数之比变为1∶2。由此可知，有一只“双脚兔”，脚的数量就会比头的数量多1。所以，“独脚鸡”和“双脚兔”的脚的数量与它们的头的数量之差，就是兔子的只数，即47－35＝12（只）；鸡的数量就是35－12＝23（只）。

鸡兔同笼问题在解题时运用了假设的思想，即运用了假设法解题。假设法是一种常见的解题方法，解题时首先要根据题意去正确地判断应该怎么假设（一般可以假设要求的两个或几个未知量相等，或者假设要求的两个未知量是同一个量）；其次要能够根据所做的假设，注意到数量关系发生了什么变化，怎样从所给的条件与变化的数量关系的比较中做出适当的调整，从而找到正确的答案。

一笔画问题

一笔画指的是从图的一点出发，笔不离纸，遍历每条线恰好一次，即每条线都只画一次，不准重复。现在人们对一笔画进行了进一步的总结。如图1、图2这样连在一起的图叫连通图。在连通图中，有奇数条线汇集的点就是奇点，有偶数条线汇集的点就叫偶点。凡是由偶点组成的连通图，一定可以一笔画成，画时可以任一偶点为起点，再以这个点为终点画完全图；凡是只有两个奇点（其余均为偶点）的连通图，也可以一笔画完，画时必须以一个奇点为起点，另一个奇点为终点；其他情况的图都不能一笔画出。

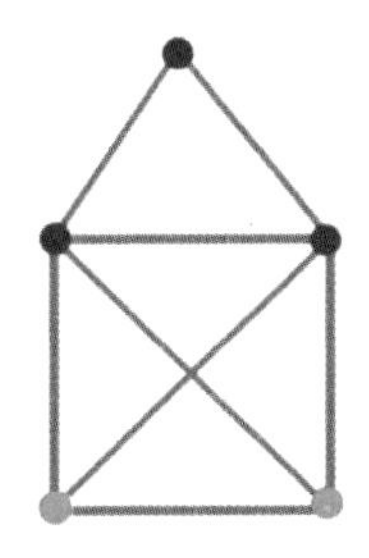

图 1

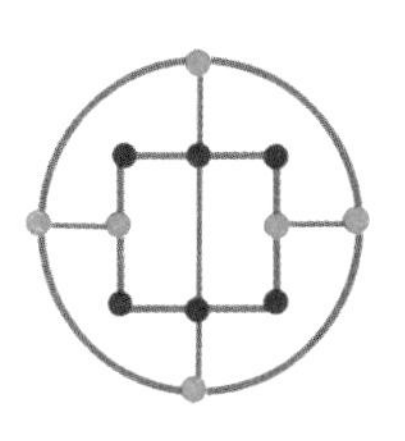

图 2

由此，图1有2个奇点，4个偶点，可以一笔画成；图2有6个奇点，不能一笔画，至少需要三笔才能画出。

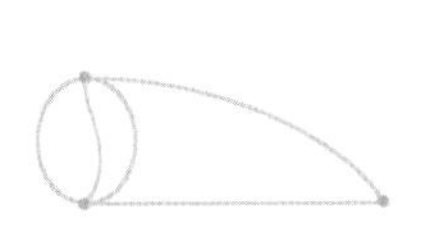

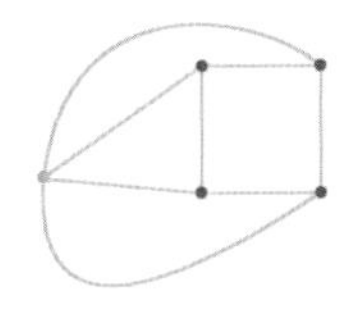

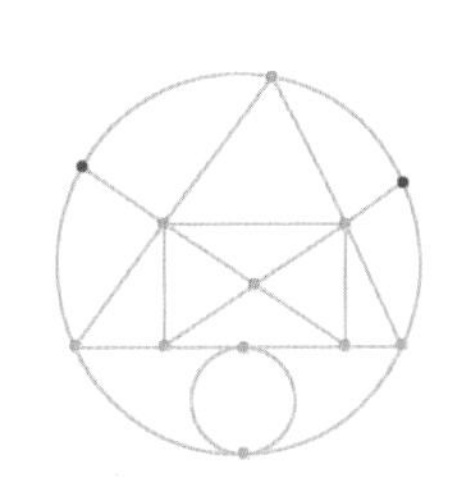

蓝色点是偶点，红色点是奇点，哪个图能一笔画成，就一目了然了。

趣题

严谨的概念、固定的公式、周密的运算……这一切赋予数学一副严肃的面孔。但是你也许想不到，有趣的扑克魔术、各种游戏，以及生活中随时可能遇到的一些好玩的小问题中，也蕴含着数学灵动的影子。于是在各种“名题”之外，我们还可以看到形形色色的数学“趣题”，它们激发着我们对数学的热爱和痴迷。

数数游戏

数数游戏是中国的古老游戏之一。如果甲、乙两人轮流从1开始报数，但报出的数只能是1～8的自然数，同时所报的数一一累加起来，谁累加的和先达到80，谁就获胜。对此，你有必胜的策略吗？

这类问题你可以这样想：要使总和达到80，该给对方留下多少个数便成为关键。显然，由于每个人报的数最多是8，最少是1，因此对方报完最后一次数总和最大是79，最小是72，从而得知最后一次应该给对方留下9个数。这就体现了对偶策略，即对方报的数和你报的数具有对偶性，具体地说，对方报完后，你还有数可报。给对方留下9个数，也就是说你要先达到80，就必须先达到71。你要想抢占71这个数，可采用上述同样的分析方法，要先达到62。依此类推，你每次报数时应占领“控制数”80、71、62、53、44、35、26、17、8，这样，你的必胜策略就可以按下列步骤实施。

①你先报数8。

②每次对方报n（1≤n≤8），你报（9－n），这样每次都占领“控制数”，以确保获胜。

如果对方先报，在对方不懂得获胜策略的情况下，你就有机会占领“控制数”，从而确保获胜；如果对方先报数，对方也知道这一获胜策略，对方就会先报8。你每次就只能报n（1≤n≤8）个数，对方报（9－n）个数，这样对方每次都能占领“控制数”，从而获胜。

因此，这个游戏对于通晓必胜策略的人来说，抢夺报数优先权是获胜的必要策略。

摆硬币游戏

甲、乙两人在圆桌上玩摆硬币游戏。假设每人手里都有足够多的硬币，两人轮流把一枚硬币摆在桌子上（不允许取回），每人每次只能摆一枚硬币。不允许后摆的硬币压在前面的硬币上，无法再摆硬币的人算作失败一方。

如果让甲先摆，你知道获胜的策略是什么吗？

你可以这样考虑：由于圆是中心点对称图形，任何一个点以圆心为对称点，总有一个点与它对称，这就是说，甲方要先将硬币摆在圆心位置上，迫使后摆硬币的乙方与甲方摆的硬币形成对称，即乙方摆一枚硬币，总会给甲方留下一个对称的位置可以摆一枚硬币，按这种方式摆下去，直到乙方没有位置为止，这时，甲方胜出。这就是甲方先摆的获胜策略。这种策略应用的是数学中的对偶原理。

乘船着陆的办法

龙龙、朋朋、天天三个好朋友一起乘船出海，一阵大风把他们的船刮翻，三人被困在一个孤岛上。为了返回陆地，他们做了一只木船。这只木船最多能载 90 千克的重量，而他们的体重分别是 60 千克、50 千克、40 千克。怎样才能安全地回到陆地呢？他们苦思冥想，终于想出了下面这个好办法：

由于龙龙、朋朋、天天的体重分别是 60 千克、50 千克、40 千克，而木船最多能载 90 千克，所以他们三个不能同时驾船离开，只能分批驾船回陆地，而船在岛与陆地之间往返必须驾驶，所以不能空船回来。龙龙不能和朋朋同船一起离开，因为他们的体重加在一起是 110 千克，超过了木船最多能载的重量。同样，龙龙和天天也不能同船。因此，他们可以这样乘船返回陆地：

①朋朋和天天同时驾船回到陆地。

②朋朋或天天中的一个人独自驾船返回岛上，另一个留在陆地。

③龙龙独自驾船返回陆地。

④原先留在陆地上的明明（或天天）返回岛上。

⑤朋朋和天天共同驾船回到陆地。

这样，3 个人就都安全地回到了陆地。

推算年份

我国农历用鼠、牛、虎、兔、龙、蛇、马、羊、猴、鸡、狗、猪 12 种动物，按顺序轮流代表年号。例如，第一年如果是鼠年，第二年就是牛年，第三年就是虎年。如果公元 1 年是鸡年，那么公元 2012 年是什么年呢？

一共有 12 种动物，因此，12 为一个循环。为了便于观察，我们把狗、猪、鼠、牛、虎、兔、龙、蛇、马、羊、猴、鸡看作一个循环，那么公元 1 年的鸡年就是第一个循环前的最后一个鸡年。公元 2～2012 年共有 2011 年（算尾不算头），由 $2011 \div 12 = 167 \cdots 7$ 可以得到，从狗年开始数 7 年，公元 2012 年是龙年。

请你当调度员

两座岛屿的中间有一条十分狭长的航道，在这条航道上只能单行一艘船。如果有两艘船对面开来，就要堵在那里，谁也别想过去。为了解决这个问题，人们在一座岛屿边上开了一个很大的洞，修了能停泊一艘轮船的小港口。如果两船迎面相遇，其中一艘船就先开进港口，等另一艘船驶过去后再继续行驶。一天，这个地方迎面开来了 4 艘船，这 4 艘船两两一个方向，我们给它们编成 1、2、3、4 号。如果它们都要沿着原来的方向前进，该怎么办？看起来这是个很难解决的问题，其实只要按下面的方法，就可以使这 4 艘船都按自己原来的航行方向前进。

① 1 号船开进港口，3 号、4 号船开过港口；然后 1 号船开出港口，向前开。

② 3 号船、4 号船退回到原来的地方，2 号船开进港口。

③ 3 号、4 号船再开过港口，向前开去。

④ 2 号船开出港口，向前开去。

反过来，3 号船先开进港口，1 号、2 号船开过港口……也能顺利通过，使它们都沿着原来的方向前进。

船只方向示意图

怎样取走银环

佃农阿斗给地主做工，时间为11个月。地主拿出一串银环故意刁难阿斗，对阿斗说："这连着的11个银环将作为你11个月的工钱，你每月必须取走一个。但这串银环只准砸断其中2个环，不许多砸。如果办不到，那就别怪我不付给你工钱了。"聪明的阿斗想了想，便一口答应了。后来他果然只砸开2个环，并且每月巧妙地取走一个。

E
B
D
A
C

阿斗取走银环的方法图示

你知道阿斗是怎样取走银环的吗？原来机智的阿斗砸断了第4个和第8个银环。原来的银环就变成了上图所示的五部分，我们分别用A、B、C、D、E来表示。第一次取走A；第二次取走B；第三次送回A和B，取走C；第四次取走A；第五次取走B；第六次送回A和B，取走D；第七次取走A；第八次取走B；第九次送回A和B，取走E；第十次取走A；第十一次取走B。这样，阿斗就巧妙地取走了11个银环。

还有别的方法也能取走银环，你试一下吧。

才女猜灯球

在我国古代，民间流传着这样一个故事：八月十五王府举行赏灯会，女主人邀请各官员及家眷到府中的后山花园观灯。只见楼上楼下垂挂的灯球，五彩缤纷，一时很难分辨有多少。女主人站在赏台前宣布，谁最先算出楼上楼下共有多少盏灯，把答案写在纸板上，谁就先到阁楼上赏灯。她还告诉大家，楼上的灯有两种，一种上面有3个大球，下面缀着6个小球，这样大小球共有9个的为一盏灯；另一种上面有3个大球，下面缀着18个小球，这样大小球共有21个的也为一盏灯。楼下的灯也分两种，一种是1个大球，下面缀着2个小球；另一种是1个大球，下面缀着4个小球。楼上大灯球共396个，小灯球共1440个，楼下大灯球共360个，小灯球共1200个。

懂得筹算的才女小仙在纸板上很快算出了答案。小仙是先计算楼下的，将小灯球1200折半，得600；再减去大灯球360，得240，这是1个大灯球缀4个小灯球的灯的盏数；然后用360减240，得120，这便是1个大灯球缀2个小灯球的灯的盏数。再算楼上的，先将1440折半，得720，减大灯球396，得324，再除以6，等于54，这是缀18个小球的灯的盏数；然后用3乘54，得162，用396减162，得234，用234除以3得78，即下缀6个小球的灯78盏。女主人叫佣人宝云拿来做灯的单子对照，果然丝毫不差，结果小仙先到阁楼赏灯了。大家都称才女小仙为神算。

这个问题还可以用列方程的方法或用其他方法求解。

设楼上第一种灯x个、第二种灯y个。楼下第一种灯z个、第二种灯u个。我们可以得出：

$$\begin{cases} z+u=360 \\ 2z+4u=1200 \end{cases}$$

$$\begin{cases} 3x+3y=396 \\ 6x+18y=1440 \end{cases}$$

猜灯球有方法

解得：$x=78$，$y=54$，$z=120$，$u=240$。

尽管从形式上看起来有4个未知数，不易解答，但实质上这是两个二元一次方程组，求解时只要按步骤一组一组地解，很快就能找到答案。对比这两种方法，我们不难发现，第一种方法计算上更加简便，但是不易想到这种方法；第二种方法题目问什么，我们设什么，很快就可以找到思路，但解起来有些烦琐。总之，两种方法各有利弊。

聪明的阿发

从前,有个地主,他家的大门坏了,叫木匠阿发来修门。阿发把门修好后,地主想赖账不付阿发工钱，于是叫管家拿来一块木板(如图1),并对阿发说,如果他能把这块木板锯成两半后，拼成一个正方形，不但给他工钱还给赏钱，否则他一分钱都别想拿。聪明的阿发看了看木板，用卡尺量一量，在上面画了一道黑线，按照黑线迅速拿起锯子锯这块木板，拼成正方形后放在地主的面前（如图2），地主看了以后不得不发给阿发工钱和赏钱。

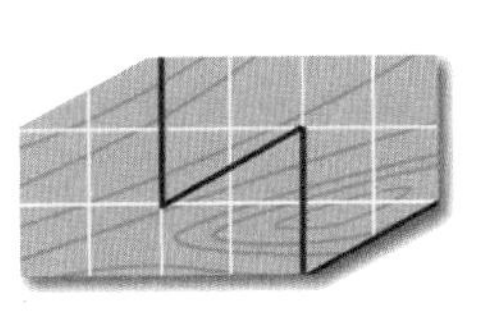
图1

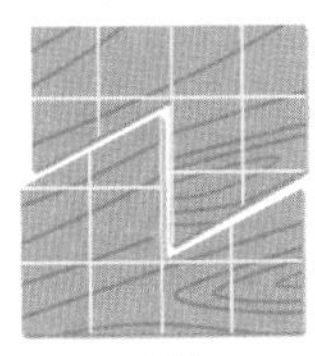
图2

聪明的一休

从前，日本安国寺里有个叫一休的小和尚，他机智过人，常常帮人排疑解难。一位将军听了不以为然。将军想，一个寺院里的小和尚，哪会有什么过人之处？后来他决定试试一休是不是真的如人们说的那么聪明。

有一天，将军与地方官新佑卫门带着部下来到安国寺，长老带着徒弟们出来迎接。进门刚坐下，新佑卫门说将军想宴请寺院里的和尚，但要先出一道题考考大家，要是没人能回答出来就取消宴会。新佑卫门接着说："我们临出来时厨师讲，厨房一共就只有220个碗，饭碗每人用一个，菜碗和汤碗都是共用的。菜碗是两人共用一个，汤碗是三人共用一个，如果根据厨房现有的碗，刚好能够招待将军的客人。那么你们知道将军最多能招待多少人吗？"

一休闭目琢磨了一会儿，微微一笑说："最多可以招待120位客人。"

一休看到将军惊奇的眼神，便朝着将军不慌不忙地讲起来："饭碗是每人1个，菜碗是两人1个，汤碗是三人1个，也就是说一人用1个饭碗，$\frac{1}{2}$个菜碗，$\frac{1}{3}$个汤碗，合起来一个人用的碗数就是$1+\frac{1}{2}+\frac{1}{3}$，即$\frac{11}{6}$个，因为总共用了220个碗，每个人用$\frac{11}{6}$个碗，所以可招待的客人就是$220\div\frac{11}{6}$，即120位。"

将军听了不得不点头称赞一休确实聪明，于是马上吩咐设宴，盛情款待了一休和他的师兄弟们。

尺规扩体

传说大约在公元前400年，古希腊的雅典流行瘟疫。为了消除灾难，人们向太阳神阿波罗求助。阿波罗提出要求，必须将他神殿前的立方体祭坛的体积扩大到原来的两倍，否则瘟疫还会继续流行。他还要求作图只能使用圆规和无刻度的直尺，而且只能有限次地使用直尺和圆规。怎样才能满足阿波罗提出的要求呢？

经过2000多年的艰苦探索，数学家们终于弄清楚并提出这个古典难题是"不可能用尺规完成的作图题"。主要原因是作图工具有限，一旦改变作图的条件，问题就会变成另外的样子。用有刻度的直尺，则倍立方体就是可以作的了。如果正方体边长是1，那么它的体积也是1；把边长扩大到1.25，其体积就变成1.953125；如果边长是1.26，其体积就是2.000376。所以要得到体积是原来的两倍，边长应大于1.25而小于1.26。这样尺子的刻度越精确，体积的值就越准确。用无刻度的直尺和圆规可以做出许多种图形，但有些图形如正七边形、正九边形目前还没人能作出来。有兴趣你可以试试看。

太阳神阿波罗与立方体祭坛

八戒的免费餐

话说唐僧师徒西天取经归来，来到桃花村，受到村民的热烈欢迎，大家都把他们当成除魔降妖的大英雄，主动为师徒四人洗衣服，拉他们到家里做客。面对村民的盛情款待，师徒们觉得过意不去，一有机会就帮助老乡收割庄稼，耕田耙地。开始几天猪八戒还挺卖力气，可没过几天，好吃懒做的坏毛病就犯了，还带着新收的9个徒弟到老百姓家蹭吃蹭喝，一顿要吃掉上百个馒头，老百姓被他们吃得快揭不开锅了。

观音菩萨得知这件事后，决定惩治一下八戒。观音菩萨来到桃花村，装扮成一位姑娘开了个饭铺，八戒闻讯赶来，姑娘假装惊喜地说："悟能师傅，你能到我的饭铺，真是太荣幸了，以后你们就到我这儿来吃饭，不要到别的地方去了。"她停了一下又说："这儿有张圆桌，专门为你们准备的。你们十位每次都按不同的次序入座，等你们把所有的次序都坐完了，我就免费提供你们饭菜。但在此之前，你们每吃一顿饭，都必须为村里的一户村民做一件好事，你们看怎么样？"

八戒一听这诱人的建议，兴奋得连声说好。于是他们每次都按约定的条件来吃饭，并记下入座次序。这样过了几年，新的次序仍然层出不穷，八戒百思不得其解，只好去向悟空请教。悟空听了不禁哈哈大笑起来，说这顿免费的饭菜八戒是永远也吃不到的了。听悟空算算这笔账吧，先从简单的数算起。

假设是三个人吃饭，我们先给他们编上1、2、3的序号，排列的次序就有6种，即123，132，213，231，312，321。如果是四个人吃饭，第一个人坐着不动，其他三个人的座位就要变换六次，当四个人都轮流作为第一个人坐着不动时，总的排列次序是：

$6\times4=24$（种）

按这样的方法，可以推算出五个人去吃饭，排列的次序就有：

$24\times5=120$（种）

……

10个人去吃饭就会有3628800种不同的排列次序。因为每天要吃三顿饭，用3628800÷3就可以算出要吃的天数是1209600天，也就是将近3320年。经悟空这么一算，八戒顿时明白了永远不能吃到这顿免费的饭菜，知道了观音菩萨的用意，不禁羞愧万分。从此以后，八戒经常带着徒弟们帮村民们干活，他们又重新赢得了人们的喜爱。

火车过桥问题

火车过桥属于行程问题，在解决这类问题时要考虑到桥是静的，火车是动的，从火车头上桥头开始到火车尾离开桥才算过了桥。

基本公式：过桥速度×过桥时间=桥长+车长。

例：家住在火车道附近的小刚某天在门口玩耍，当火车到眼前时，他心里默读秒数。当车尾离开他时，共用了15秒。如果这列火车是按每秒18米的速度通过，这列火车有多长呢？

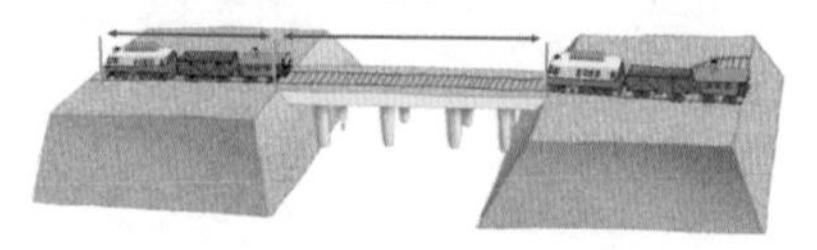

火车过桥问题图示

解：根据题中的条件不难看出，火车的长度就是它在15秒内走过的距离，根据路程=速度×时间的公式，

穿越

井盖为什么是圆的

井盖并不全都是圆形的，也有方形的。井盖做成圆形，一是能节省材料，圆形的井盖也更加便于工作人员下井活动；二是可以保证井盖在任何方向上的尺寸都大于井口，以免井盖从井口掉下去。另外，我们知道，三角形或正方形的边由直的线段组成，构成的角较尖，人如果在维修时碰到它，容易受伤，而圆形的井盖边缘是圆弧状的，不会出现这个问题。出于这些方面的考虑，井盖就被设计成了圆形的。

可以得到这列火车的长度是：

18×15=270（米）

如果小刚家不远处有一座长 780 米的大桥，这列 270 米长的火车通过桥时共用了 1 分钟，那么这列火车过桥的速度是多少？

在这1分钟里，火车从上桥开始到离开桥所走的路程是一个桥长再加一个车长（如图），即：780+270=1050（米）

根据速度=路程÷时间的公式，可以求出这列火车过桥的速度是：1050÷60=17.5（米/秒）。

报纸叠起来有多高

一张报纸有多厚？这个我们好像从来也没计算过。如果我们把一张报纸对折后剪开，然后叠起来，再对折、剪开、叠起来……这样重复下去，第 50 次再叠起来时，又有多高呢？让我们一起看看下面的计算。

一叠新买的报纸 32 张，压紧测量 32 张报纸的厚度大约 2 毫米，那么一张报纸的厚度大约是 2÷32 = 0.0625 毫米。

剪开，叠起来的高度是：

第一次：0.0625×2 = 0.125（毫米）

第二次：0.125×2 = 0.25（毫米）

第三次：0.25×2 = 0.5（毫米）

……

第二十次：32768×2=65536（毫米）

为了便于计算，我们把 65536 毫米转化成米来计算，即 65536 毫米是 65.536 米，保留一位小数是 65.5 米。

如果一层楼房的高度按 4 米计算，那么现在这叠纸的高度大约相当于 16 层楼房那么高。先不要吃惊，让我们继续往下算。

第二十一次：65.5×2 = 131（米）

第二十二次：131×2 = 262（米）

……

第四十次：

34340864×2=68681728（米）

算到这里，我们再做一次单位转化，把 68681728 米转化成 68681.728 千米，保留 1 位小数是 68681.7 千米。地球的赤道长度约是 40076 千米，这个高度相当于地球赤道长度的 1.7 倍。是不是有点不可思议？我们继续往下算。

第四十一次：

68681.7×2 = 137363.4（千米）

第四十二次：

137363.4×2 = 274726.8（千米）

……

第五十次：

35165030.4×2 = 70330060.8（千米）

70330060.8 千米大约是 7033 万千米，而地球到月球的距离大约是 38.44 万千米，用 7033÷38.44 ≈ 182.96 倍。也就是说最后得到的高度是地球到月球距离的 180 多倍。当然，一般一张纸是不可能连续对折 50 次的，据资料表明，一张足够大的纸最多可以连续对折 13 次，你不妨亲自动手试一试！

魔术与数字

M. 加德纳是美国著名数学科普作家，同时还是一位魔术大师。有一天，他取出 20 ～ 25 根小棒，让人按他的要求先拿走 6 ～ 10 根，再把剩下的小棒个位与十位相加，从中取走个位与十位相加的和；最后让人从剩下的小棒里任意取出几根藏在手心。整个过程都是背着加德纳做的，但这时加德纳却能猜出那个人手中有几根小棒。

这个魔术是根据自然数 9 的奇妙性质设计的。第一步完成后，剩下的小棒必然在 10 ～ 19 根之间。因为最少要取 20 根小棒，最多只能拿走 10 根，最少还剩 10 根；而最多只能取来 25 根小棒，最少只能拿走 6 根，最多还剩 19 根。例如：他拿出 20 根小棒，让人拿走 6 根，还剩 14 根。14 的个位 4 与十位 1 相加得 5，再从 14 根小棒中拿走 5 根。按照加德纳的要求，第二步完成后必然剩下 9 根小棒。因为在 10 ～ 19 之间的数减去其个位与十位的和都等于 9，如 10 减去 1 与 0 的和等于 9，11 减去 1 与 1 的和等于 9，19 减去 1 与 9 的和等于 9。所以，根据剩下的小棒，加德纳能准确猜出那个人手中小棒的个数。

骗人的转盘游戏

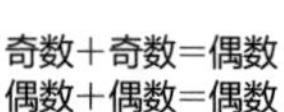

骗人的转盘游戏图示

有一种转盘游戏，每个扇形内都标有数字，只要交上 1 元钱，就可以转一次，当指针指向一个数字时（比如 5），再在这个数字的基础上逆时针转这个数字的格数（以 5 为起点再逆时针转动 5 个格，由 5 + 5 得到 10），这时所得数字若是偶数就可获得一些像糖果这样廉价的奖品，如果是奇数就可获得像玩具熊这样稍贵一些的奖品。乍一看来，这个转盘的中奖率是 100%，中大奖率是 50%，因此吸引了许多人，尤其是小朋友们。然而奇怪的是从来没有人中过大奖，这是怎么回事呢？实际上，这种“数字游戏”是有着很严谨的科学基础的。无论转到的数字是几，不是奇数就是偶数，再加上相同的数字时，也就是说，最后的数字肯定都是偶数。花钱玩转盘的人只能得到一些小糖果，没有一个人能在这种转盘面前获得大奖。

惊人的记忆力

用一副54张的扑克牌做一种游戏，能在很短的时间内记住别人任意抽取的20张牌。首先保持这20张牌的顺序不变，把这20张牌叠好扣在桌子上。然后，从剩下的牌中任意抽取一张，正面朝上放在桌子上，假如这张牌是8（与花色无关），就在剩下的牌中往这张牌上面倒扣牌，每扣1张在正面朝上那张牌的数字上加1，直到13为止（J＝11，Q＝12，K＝13），如在8上面要倒扣5张牌才能从8数到13。按照这种方法再重复两次（如图）。

把剩下的牌叠在刚才那20张牌上面，然后让别人计算正面朝上的3张牌数字和，结果是几就能回忆这叠牌中第几张是什么牌。如由于8＋12＋10等于30，那就可以回忆起这所有剩下的牌中第30张是什么牌。

这个游戏可以反复做，因为每次都可以成功，所以给人们一种记忆力惊人的印象。其实这里面包含了一些数学知识，让我们用数学的方法分析一下。

在开始的那20张牌里，其实只用记住第八张是什么牌就行。除了这20张牌以外，还剩34张牌，以上面抽牌为例，第一组用掉6张，第二组用掉2张，第三组用掉4张，共用去12张牌。34张里面去掉12张还剩22张牌，把这22张牌叠在前面看过的20张牌的上面，通过计算8＋12＋10等于30，那么前30张牌中有剩下的22张，还有就是刚才看过的20张牌中的前8张。所以，只要记住第八张就可以了。

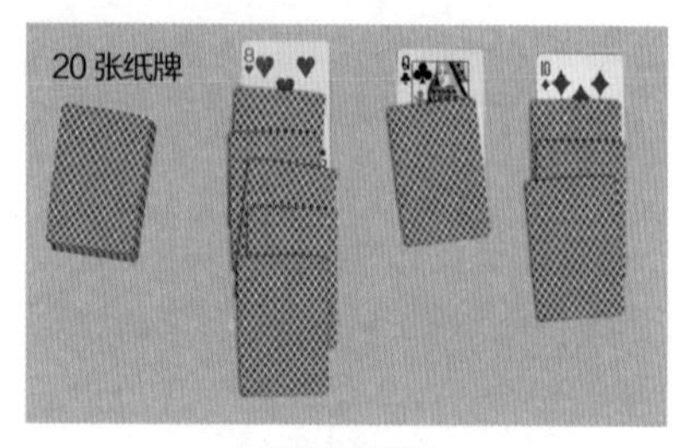

纸牌游戏图示

猎犬要走多少路

我国古代有这样一道名题：一位猎人带着他的猎犬要经过一座桥。猎人担心桥断了，就打发猎犬去探路。犬见到桥完好就回来告诉主人，主人又打发它再去探，直到主人和猎犬都到达桥为止。在这个过程中，我们假定猎人每小时走5千米，走了1小时，而猎犬的速度为主人的3倍，试求猎犬所走过的路程。

通过画行进图的办法，我们可以求得问题的答案。你是怎么计算的？类似的关于极限的问题还有：如果每天花掉储蓄罐里的钱的一半，钱能花完吗？

你的生日是星期几

你想知道自己出生的那天是星期几吗？如果一天一天地数，实在是一件困难的事情。不过不用担心，数学家们已经研究出了计算这个问题的公式。你只要知道自己出生的年月日，就能知道那一天是星期几了。想知道星期几，首先要计算“那一天的数”。这个公式看起来复杂，其实只要把数字填进去，计算一下就可以了。

那一天的数＝

$$(\bigstar-1)+\left(\frac{\bigstar-1}{4}\right)-\left(\frac{\bigstar-1}{100}\right)+\left(\frac{\bigstar-1}{400}\right)+\circledcirc$$

★是想知道的年的数字

◎是想知道的天的数字

分数部分的计算只要相除得出整数就可以了

比如，你的生日是2001年10月30日，就在★里填入2001，在◎里填入304（把从1月份到9月份的天数相加后，再加上10月份的30天）。记住：在除法中，只取商的整数部分，小数点后面的余数忽略不计。

从公式中求得：

2000＋500－20＋5＋304＝2789

然后用这个数除以7，得到：

2789÷7＝398……3

如果没有余数，就是星期日；余数为1，就是星期一；余数为2，就是星期二……就这样，非常有趣吧。

因为计算所得的余数是3，所以2001年10月30日这一天是星期三。

兔子问题

意大利数学家L. 斐波那契在《算盘书》中提出了有趣的兔子问题：年初捉来一对小兔，一个月后小兔长成大兔，如果生存不出现任何问题，到年底的时候，主人拥有多少兔子？用列举法，你就能得出答案：年底（即第二年开始时）主人拥有233对兔子。

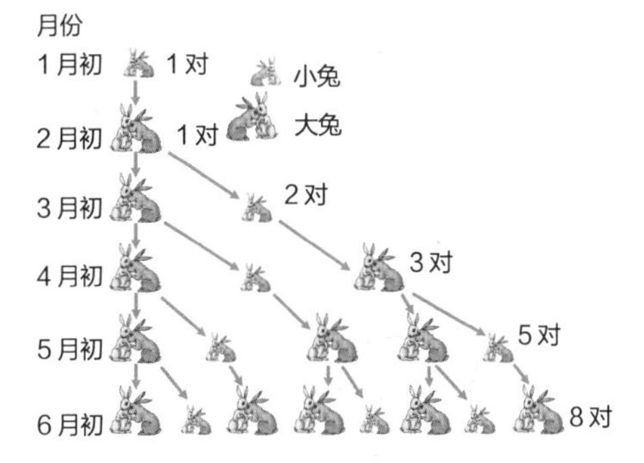

树杈中的数学

兔子繁殖获得的数列是1、1、2、3、5、8、13、21、34、55、89、144、233、377、610……被称为斐波那契数列。注意到这个数列的一般规律了吗？它的前两个数的和等于后面的数。更为神奇的是，前后两个数的比值越来越接近于0.618。0.618这个神奇的黄金分割数，几乎无处不在。在自然界中，树的分杈也遵从斐波那契数列规律。如果人不加以斧砍的话，树分杈的速率会越来越快。

斐波那契在1202年撰写的《算盘书》中，提出了斐波那契数列，这个数列与后来的优选法有密切的关系。他的另一本数学名著是《几何实用》。

物理

数理化加油站

力

力是物理学中使用最广泛、最重要的基本概念之一。所谓力，就是物体之间使物体加速或变形的相互作用。力是看不见、摸不着的，它是人们在长期生产实践中，通过观察物体之间相互作用的表面现象而抽象思考得出的概念。

•超级视听•

神奇的惯性

力的三要素

在日常生活中，我们会注意到：在推拉小车的时候，推力或拉力越大，小车就运动得越快，推力或拉力越小，小车就运动得越慢；扔铅球时，要想将铅球扔得远一点，就要用大一点的力，如果力量太小，铅球一定扔不远。这些现象都说明，力是有大小的。虽然力的大小看不到，但却是可以测量的。物理学上表示力的大小的单位是牛顿，简称牛，也写作 N。要想精确地测量力的大小，用弹簧秤就可以做到。同一辆小车，如果两个人朝着相反的方向拉，小车最终会向着力气大的那个方向移动。这个现象说明，力是有方向的。此外，力作用在不同的地方，也会产生不同的效果。

力的大小、方向、作用点，组成了力的三要素。物理学中，常用一根带箭头的线段来表示力的三要素，这种方法叫力的图示。其中，线段的长短表示力的大小，箭头方向表示力的方向，线段的起点或终点则表示力的作用点。

穿越

风级歌

0 级烟柱直冲天，
1 级青烟随风偏，
2 级风来吹脸面，
3 级叶动红旗展，
4 级风吹飞纸片，
5 级带叶小树摇，
6 级举伞步行艰，
7 级迎风走不便，
8 级风吹树枝断，
9 级屋顶飞瓦片，
10 级拔树又倒屋，
11、12 陆上很少见。

弹力

物体在力的作用下，发生弹性形变后，内部会产生一种企图恢复物体原来形状的力，这种力就是弹力。比如，人们用力将弹簧拉长，会感觉到手受到一个相反的、阻碍弹簧伸长的力，这个力便是弹簧的弹力。正是因为弹簧的形状发生了改变，为了恢复原来的形状，弹簧内部才产生了弹力。

弹力一般产生在直接接触的物体之间，并以物体的形状发生改变为前提条件。弹力的方向跟使物体形状产生改变的外力的方向相反。物体形状的改变是多种多样的，不仅弹簧可以发生变化，常见的很多物体，如地面、桌面、墙壁、绳子等，都可以在外力的作用下发生形状改变。因此，对应的弹力也会以各种各样的形式表现出来，如压力、支持力等。例如，放在水平桌面上的物体，由于受到重力作用，对桌面有一个向下的压力，使桌

20 牛

80 牛

图中的线段表示的是，用 80 牛的力向右拉动小车。

面的形状发生了微小的改变，桌面为了恢复原状，也产生了一个向上的弹力，这就是支持力。

胡克定律

物体产生的弹力和物体形变的大小是成正比的。如果弹簧伸长 1 厘米时产生的弹力是 1 牛顿，那么伸长 2 厘米时产生的弹力就是 2 牛顿。这个定律是英国物理学家 R. 胡克 1678 年在一篇论文中提出的，因此叫胡克定律。

胡克定律是物理学中的基本定律之一。利用胡克定律，人们制成了测力计，用来测量作用力的大小和物体受到的重力。常见的测力计是拉力弹簧测力计，此外还有压力测力计等。拉力弹簧测力计的主要结构是一根钢质的弹簧，弹簧的上端固定在壳顶的环上，下端和一只钩子连接在一起。把物体挂在钩子上，弹簧就会被拉长，因为弹簧的弹力就等于物体的重力，而且在弹性限度内，弹力的大小与弹簧形变大小成正比，所以这时，根据测力计表盘上指针所指的数值，就可以直接知道物体所受重力的大小。

万有引力

成熟的苹果之所以落向地面，而不会飞向天空，是因为地球对苹果有力的作用。这个力，就是 I. 牛顿于 1687 年首先提出的万有引力。

宇宙中任何两个物体之间都存在着由质量而引起的相互吸引力——万有引力。它是自然界存在的四种基本力之一，是物质的一种基本属性。地球和其他行星之所以能不停地围绕太阳旋转，正是因为它们之间有万有引力的作用；地球上的物体受到的重力，也是由地球与物体的万有引力产生的。由于与质量巨大的地球相比，质量很小的物体之间的万有引力是非常微小的，所以苹果、石块和地球之间虽然都有对彼此的引力，但地球质量大，苹果仍会被地球“吸”向地面。我们虽然被周围的许多物体包围，但却感受不到周围物体对我们的引力，这也是因为地球的引力太大，超过了其他物体对我们产生的引力。

牛顿除了指出万有引力的存在，还进一步对万有引力进行了阐释，他指出：任何两个物体间相互吸引力的大小，和它们质量的乘积成正比，和距离的平方成反比。牛顿所归纳出的这个定律，就是万有引力定律。这一定律最有意义的贡献，就是为天文观测提供了一套计算方法。有了万有引力定律，只要凭借少量的观测资料，就能算出天体运行的长轨道周期，不但计算过程简单了很多，而且计算的结果也十分精确可靠。万有引力定律还帮助人们解释了几百年内的许多天体现象与地球物理现象，比如哈雷彗星的回归、地球的扁椭球形状等。利用这一理论，人们还预测了海王星的位置，并成功地在理论计算的位置上发现了太阳系。如今，万有引力定律已成为研究天体力学的基础。

据说牛顿是因为看到苹果落地而发现了万有引力的。

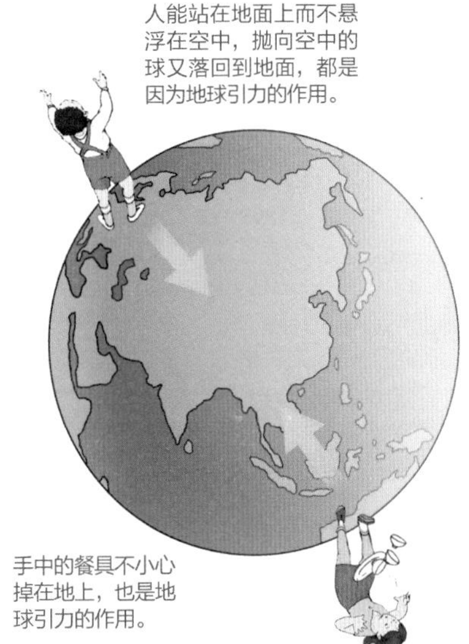

人能站在地面上而不悬浮在空中，抛向空中的球又落回到地面，都是因为地球引力的作用。

手中的餐具不小心掉在地上，也是地球引力的作用。

重力

重力是物体在行星和其他星体表面所受到的万有引力。重力的方向总是竖直向下，也就是向着物体自由下落的方向。重力是人们生存的重要条件之一，如果没有重力，大气将飘浮散去，人类的生命也将完结。当人们向离开地心的方向移动时，重力会减小。进行太空航行的人，之所以会产生没有重力的奇异感觉，是因为航天器在轨道上绕地球飞行时产生的离心力抵消了重力。

在地球上，重力的大小其实并不完全等同于万有引力的大小。因为重力的大小是由万有引力、地球自转带来的离心力共同组成的。

试一试，做怎样的运动，体重计的指针会大于或小于你的体重？

起身

下蹲

失重和超重

在电梯启动和停止的瞬间，或在游乐园里乘坐过山车快速上升或下降时，人常会有一种不太舒服的感觉，这是因为人体产生了失重和超重。物体对支持物的压力小于物体自身所受重力的现象，叫失重。当物体加速下降或减速上升时，就处于失重状态。与失重相反，物体对支持物的压力大于物体所受重力的现象，就是超重。失重和超重的现象除了会存在于日常生活中，也会出现在发射航天器的时候。所有航天器及其中的航天员在刚开始加速上升的阶段，都处于超重状态。

飞鹰之所以能围绕着支点旋转而不掉下来，是因为它的重心与鹰嘴和支点在一条直线上。

重心

物体的各个部分都受到重力的作用，各部分所受到重力的合力，会集中于一个作用点，这个点就是物体的重心。

重心的位置与物体的几何形状有关。形状规则、质量分布均匀的物体，其重心通常就是它的几何中心；但对于形状不规则的物体，其重心就需要通过特殊方法才能找到。重心的位置还跟物体内质量的分布有关，比如载重汽车的重心会随着装货多少和装载位置而变化，起重机的重心也会随着提升物体的重量和高度而变化。有时，重心的位置不一定在物体上，比如圆环的重心在它的圆心上，不在圆环上。

重心在生活中有很多应用。高高的竹竿有时不用扶，就能立在地面上；有的人用一个手指，可以平稳托起一本书……这些都靠的是支撑它全部重量的点——重心。走钢丝的杂技演员之所以不掉下来，也是因为他的重心正好落在钢丝上。通常物体的重心越高，就越不稳定。积木搭得太高容易倒塌，就是这个道理。

向心力和离心力

把一个小球系在绳子的一端，然后用手握住绳子的另一端，使劲儿旋转绳子，小球就会绕着手做圆周运动。这时，握着绳子的手会感到绳子上有一股拉力。如果松开手，小球就会失去拉力，进而飞出去。在旋转绳子的过程中，手通过绳子施加给小球的力，就是小球受到的向心力，也就是迫使做曲线运动的物体不断转变运动方向的作用力。而小球通过绳子使手感受的力，则是小球产生的离心力。离心力与向心力是一对作用力与反作用力，它们大小相等，方向相反，作用在两个物体上。向心力和离心力在生活中很常见：游乐园里过山车驶到轨道顶部时，人不会飞出去，也不会掉下来，正是因为有离心力和向心力的共同作用；洗衣机之所以能给衣物脱水，也是因为洗衣机滚筒的旋转产生了离心力，离心力使水分与衣物分离开了。

过山车驶到轨道的顶部时，人之所以不会掉下来，是因为有向心力的作用。这个向心力是由人和小车的重量，以及轨道对小车的弹力提供的。

浮力

将一个木块和一根缝衣针同时放入水中，木块会漂在水面上，而缝衣针却下沉了，这种现象与浮力有关。

浸在液体或气体中的任何物体，都会受到一个向上的托力，这个力就是浮力。潜水艇便是利用浮力原理制造的。潜水艇内有一个压水舱，当潜水艇需沉入大海时，压水舱的通海阀会被打开，水进入压水舱，潜水艇的总重力增加，直至超过潜水艇所受到的最大浮力，潜水艇便会沉入水下；而排出压水舱内的水，潜水艇的总重力就会减小，当总重力小于潜水艇所受到的最大浮力时，潜水艇就会浮出水面。如此一来，潜水艇就能在水中沉浮自如了。

除了潜水艇，浮力原理还应用在许多地方。比如，伐倒的林木有时不需要火车、汽车运输，而是放入河中任其漂流，利用河水的自流就能把它运送到需要的地方去。

阿基米德定律

浮力的大小等于物体所排开的液体或气体的重量，这就是著名的古希腊科学家阿基米德（约公元前287～前212）发现的浮力定律，也叫阿基米德定律。相传公元前245年，国王命令阿基米德鉴定自己的金冠是否被掺了银，但不允许破坏金冠。阿基米德冥思苦想了很久，终于有一天，在洗澡时，人进入澡盆前后水面的高低变化引起了阿基米德的注意。他从中得到启示，把一块金和一块重量相等的银，分别放入盛满水的盆中，发现银块排出的水比金块多。他又把金冠放到盛满水的盆中，量出溢出的水，再把同样重量的纯金放到盛满水的盆中，结果发现溢出的水，比刚才溢出的多——这说明王冠中掺了银。据此，阿基米德总结出了一个定律——浮力定律。这一定律的提出，让人们对沉浮有了科学的认识。比如，人在空气中所排开的空气重量，远小于人体的重量，所以人浮不起来。而氢气球在空气中所排开的空气重量，大于氢气本身的重量，所以氢气球能飘浮起来。

阿基米德

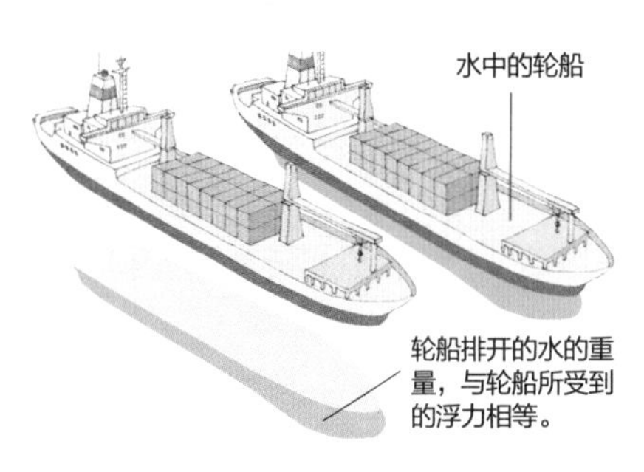

轮船排水量和浮力间的关系

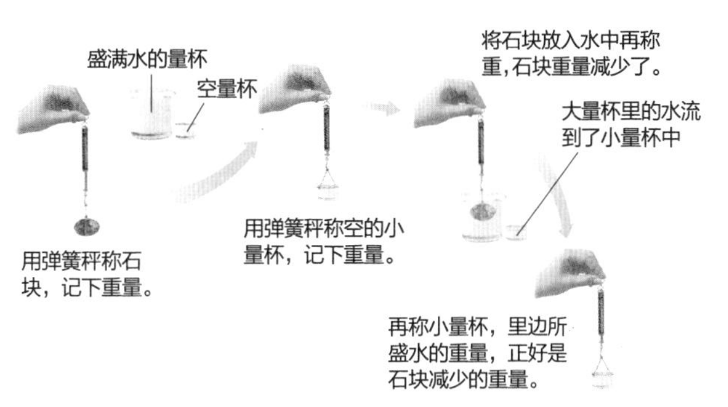

阿基米德定律的实验过程

•超级视听•

骆驼站在鸡蛋上

压力和压强

物理学中的压力，指的可不是人的情绪反应，而是指物体相互挤压时，垂直作用在物体表面上的力。当我们用力压桌面时，我们就给桌面施加了一个力，这个力就是压力。压力的作用效果取决于压力的大小，以及物体上承受压力的部位的面积。比如，用同样的力，缝衣服的针能穿过较厚的布，而用筷子却不能。这是因为对针来说，力集中在面积很小的针尖上；而由于筷子尖端比针尖的面积大很多，同样大小的力在筷子尖端上被分散了，无法集中在针尖那么大的一个点上，所以筷子没法儿像针一样穿过厚布。物理学上，把物体单位面积上受到的压力称为压强。每种物体能承受的压强都有一定的限度，超过这个限度，物体就会损坏。

球内的空气被抽掉后，大气压把两个半球紧紧地压在了一起。

马德堡半球实验

17世纪时，很多人还不相信有大气压。为了证实大气压的存在，1654年，德国的马德堡市市长格里克做了一次著名的马德堡半球实验。

格里克做了两个很大的铜质空心半球，两个半球可以紧密地合在一起，组成一个大圆球。格里克将圆球内的空气抽出，然后，让16匹马分成两队，拼命地往相反的方向拉这个圆球，企图让两个半球分开。结果费了半天的力气，圆球还是纹丝不动。但当格里克把空气再次注入球内，两个半球毫不费力地便被分开了。这个实验让人们认识到，大气压不但存在，而且大得惊人！

1643年，托里拆利发明了世界上第一个水银气压计。

大气压

地球周围包裹着一层厚厚的空气，它主要是由氮气、氧气、二氧化碳、水蒸气、氦、氖、氩等气体混合组成的。这层空气的整体，被称为大气。大气上疏下密地分布在地球的周围，总厚度达1000千米左右。所有被大气包围的物体都要受到大气的作用力，这就是通常所说的大气压。用吸管可以吸饮料、吸盘贴在光滑的墙壁上不会脱落、用针管可以吸药水……这些生活中的常见现象都有大气压的参与。人类之所以感觉不到大气压，是因为人体内的压强与大气压相等，所以相互抵消了。

“瓶吞蛋”实验

准备一枚剥了壳的熟鸡蛋，放在一边待用；然后，将点燃的棉球扔入一个装有细沙的烧瓶中，再迅速用熟鸡蛋塞住瓶口，并注意保证鸡蛋恰好卡在瓶口的部位；待瓶子中的火熄灭后，你会发现：鸡蛋“砰”的一声掉入了瓶内，就好像被瓶子吞下了一样。之所以会这样，是由于棉球的燃烧消耗了烧瓶内的氧气，使得瓶内的气压迅速降低。当瓶内的气压小于瓶外的大气压时，鸡蛋就会在大气压的作用下，被压入瓶内了。

“覆杯”实验

把玻璃杯内装满水，用纸片盖住玻璃杯口，拿手按住，然后缓缓把杯子倒置过来。放手后，虽然杯口向下，但整杯水会被纸片托住，纸片也不会掉下来。之所以会有这种神奇的现象，是因为当玻璃杯内装满水时，空气完全被排出了，此时杯内水对纸片的压强小于大气对纸片的压强，相当于大气托着纸片和杯子里的水。

作用力与反作用力

力总是成对出现，并且是同时出

现的。如甲物体对乙物体有力的作用，那么乙物体对甲物体也一定有力的作用，这就是作用力与反作用力。作用力和反作用力属于同一性质的力，如果一个力是弹力，另一个力也必定是弹力。作用力和反作用力总是大小相等、方向相反的，而且也总是同时存在，同时消失的。

作用力和反作用力定律是I. 牛顿提出的，因此又叫牛顿第三定律。在日常生活和生产中，作用力和反作用力的应用非常广泛。比如，轮船在水中航行时，螺旋桨对水产生作用力，水就对轮船产生反作用力——推力，轮船由此便能前行了。

脚给地面一个作用力，地面对脚就产生一个反作用力，人体就前进了。

摩擦力

当物体之间产生摩擦时，阻碍物体相互运动的力就是摩擦力。我们用弹簧测力计沿着水平方向拉动木块，刚好能使木块运动起来的力，就相当于木块所受的摩擦力。摩擦力的大小与物体的质量和表面的粗糙程度有关。物体质量不变时，改变接触面就能改变摩擦力，接触面越光滑，摩擦力越小，反之摩擦力越大。

滑梯的表面很光滑，所以摩擦力很小，容易让人滑下来。

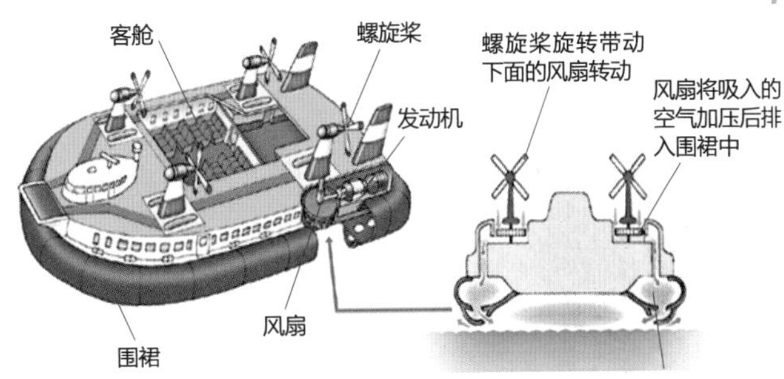

气垫船构造及运行原理

气垫船

气垫船又叫腾空船，是利用高压空气在船底和水面（或地面）间形成气垫，使船体全部或部分垫升，从而大大减少船体航行时的阻力，实现高速航行的船。气垫船的气垫通常由持续不断供应的高压气体形成。气垫船除了在水上行走外，还可以在某些比较平滑的陆地上行驶。因为船身升离水面或地面，船体受到的摩擦力比直接在水面或地面上行驶时小很多，所以气垫船的速度比同样功率的船快。

•超级视听•

惊人的摩擦力

平衡力

文具盒放在桌面上时能保持静止不动，跳伞运动员在空中能做匀速直线运动，这是为什么呢？这是因为文具盒和跳伞运动员虽然受到了力的作用，但是几个力的作用效果相互抵消，所以文具盒和运动员就相当于不受力了。

相互抵消的这几个力就是平衡力。我们把使物体保持平衡状态，处于静止或匀速直线运动中的力，称为平衡力。如果物体在两个力的作用下处于平衡状态，我们就说这时二力平衡。例如，物体在液体中悬浮或漂浮时，它所受的浮力和重力，就是一对平衡力。如果这时物体再受到一个力的作用，运动状态就会发生改变。

机械与传动

•超级视听•

为了省力、方便和高效地改变各种物体的运动状态，人们发明了很多机械。而无论多么复杂的机器，都是由简单的机械部分组成的。这些部分有杠杆、斜面、滑轮、轮轴等。每个机械部分的设计，都离不开对力的巧妙使用。而我们要让机械按需要不停地运转，就需要通过一定的方式把力传给它，这就是传动，如皮带传动、连杆传动等。各种传动装置把机械连成了一个整体。

杠杆

杠杆是在力的作用下能绕着固定点转动的杆。找到一个固定的支点，给杠杆的一端施加一个作用力时，在杠杆的另一端就会产生一个大几倍或小许多或同样大的作用力。

在生活中，很多我们熟悉的现象与杠杆有关。比如，一个大人和一个小孩玩跷跷板时，只要小孩坐在离支点较远的一边，即使大人比小孩重得多，也可以达到平衡，这实际上就是杠杆的作用，也是杠杆原理的体现。在多数情况下，人们使用杠杆是为了省力，因为只要使支点靠近重物，在距离支点较远的另一端用力，就能够用较少的力撬起很重的物体。除了用来省力之外，当支点恰好位于杠杆的中点时，杠杆也能用来做成衡量重量的天平。

桔槔

桔槔是我国古代用来提水或扬水灌溉的工具，是一种典型的杠杆机械。在水井旁或沟渠边的高柱上，横支一根长棍，长棍的前端用长绳悬挂一个空水桶，后端则捆扎着石块之类的重物，就制成了桔槔。只要将长棍前端的绳索往下一拉，水桶就可以进到井里灌水了。水桶灌满水后，抓住绳索再往上拉，这时由于长棍的另一端有重物，重物受重力而下落，使挂有水桶的一端上升，水桶由此便能轻松被提上来了，这样的提水过程比完全靠人力提水轻巧得多。桔槔可以算得上是现代的臂架型起重机的雏形。

支点

穿越

太空里如何称重？

航天员在太空时处于失重状态，这种情况下，难道就不能称量航天员的体重了吗？答案恰恰相反，在太空里不仅可以称体重，而且用来称重的方法也不止一种。美国和俄罗斯科学家发明的“太空秤”，是将航天员固定在专用座椅上，让座椅和人一起做机械震荡，然后通过测量振动周期计算出航天员的体重的；而在我国的天宫一号里面，“太空秤”看上去就像飞船舱壁上的一个箱子。航天员使用时，只需拉开这个“太空秤”，坐在杆子上，用四肢勾住支架，然后机械装置会拉动航天员，把航天员“弹”回去。这一过程中，“太空秤”上的电子仪器会测出航天员的加速度，最后根据相应的数学公式，就能自动计算出航天员的体重了。我国是继美国和俄罗斯之后，世界上第三个能在太空称体重的国家。

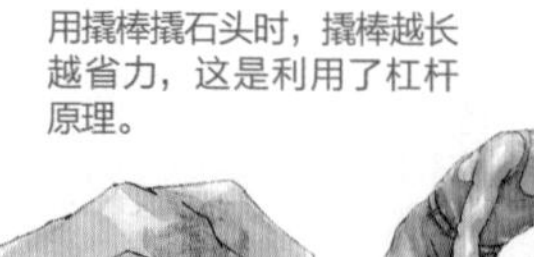
用撬棒撬石头时，撬棒越长越省力，这是利用了杠杆原理。

斜面

倾斜的平面，简称斜面。为了向车上移动重物而斜放的木板、盘山公路等都是斜面。与垂直提升重物相比，使用斜面提升重物时，力作用的距离虽然增长了，但所用的力却大大减少了，这是因为斜面能支撑物体的部分重量。在高度一定时，斜面越长越省力，盘山公路就是利用了斜面的这个特点：虽然车辆绕行的距离比较远，但不需要太大的牵引力，车就能上到山的顶端。

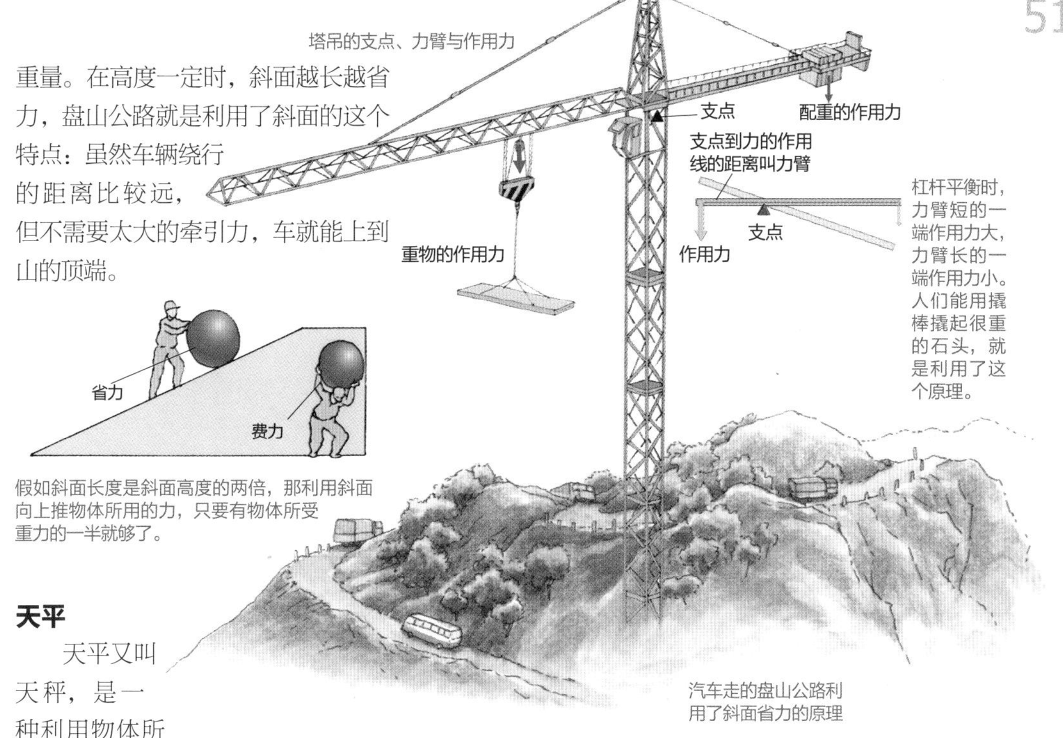

杠杆平衡时，力臂短的一端作用力大，力臂长的一端作用力小。人们能用撬棒撬起很重的石头，就是利用了这个原理。

假如斜面长度是斜面高度的两倍，那利用斜面向上推物体所用的力，只要有物体所受重力的一半就够了。

汽车走的盘山公路利用了斜面省力的原理

天平

天平又叫天秤，是一种利用物体所受的重力和杠杆的平衡原理来测定物体重量的衡器。天平的一般构造为一根直柱上支着一根横杆，横杆的两端各悬挂着一个小盘。当需要测量物体的重量时，只要在其中一边的小盘里放上被测量的物体，另一边放上若干砝码，然后使天平的两端达到平衡状态，再计算一下砝码的重量，便可以知道物体的重量了。天平之所以能用来测量物体的重量，正是利用了杠杆原理。天平其实是一个等臂杠杆，也就是支点左右两端的力臂长度相等的杠杆。等臂杠杆既不省力，也不省距离，因为它的两端所承受的力始终都是一样的。正是由于这个原理的存在，人们发明了天平，根据天平两端物体所受重力相等这一点来测量物体的重量。据记载，早在公元前1500多年，埃及人就已经开始使用天平了。

齿轮

所谓齿轮，就是轮缘上有齿，能相互啮合，以传递运动和动力的机械元件。齿轮通常是成对啮合，其中一个转动，另一个被带动。两个齿轮的转动方向总是相反的。

通过使用各种不同的齿轮，可以实现改变转速、改变力矩、改变运动方向等目的。机械钟表、汽车上的车窗升降器等，其内部都有齿轮在发挥作用。比如，给机械钟表拧上发条以后，发条会推动齿轮转动，通过不同齿轮间的相互配合，最后带动了表盘上的指针转动。

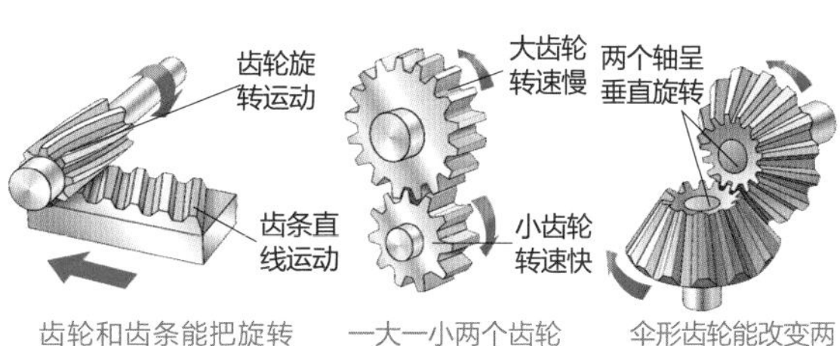

齿轮和齿条能把旋转运动变成直线运动

一大一小两个齿轮能改变旋转速度

伞形齿轮能改变两个轴之间的角度

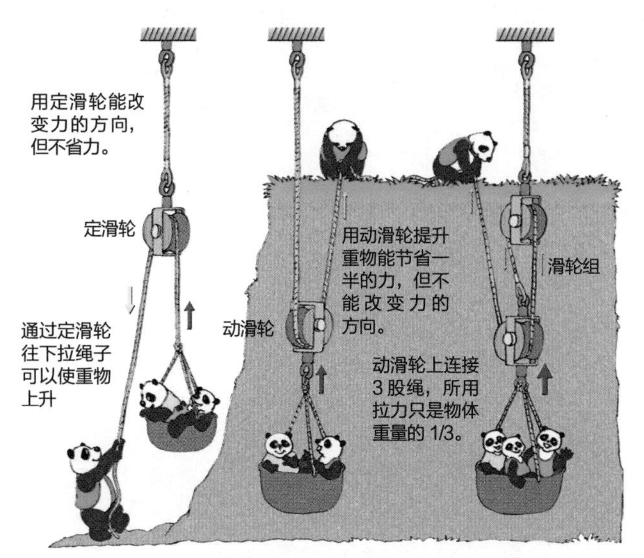

定滑轮、动滑轮、滑轮组三者相比，用滑轮组最省力。

吊车

吊车俗称起重机，是一种起吊搬运机械，广泛应用于城市建设、广告施工、电力抢修、高空作业等施工现场。吊车利用杠杆原理制成，是一种费力杠杆。吊车上用来吊东西的钩子位于整个杠杆的尖端，尾端则是支点。在这个结构中，力矩（力使物体绕着支点转动的距离）要大于力臂（支点与力的作用点之间的垂直距离），这样一来，虽然吊物体时比较费力，但只要一端的施力点移动很小的距离，另一端的钩子就会移动相当大的距离，重物由此就可以被搬运到较远的地方了。

滑轮

滑轮是一个周边有槽，能够绕中心轴转动的轮子。它虽然构造简单，但却是一种很有用的机械。

将一个滑轮吊在天花板上，滑轮上绕一根绳子，就可以用来吊东西，这种装置叫定滑轮。定滑轮虽然不能省力，但能改变力的方向。如果使用滑轮时，滑轮和重物一起移动，这样的滑轮就叫动滑轮。使用动滑轮可以省一半的力。把定滑轮和动滑轮组合起来，就构成了滑轮组。使用滑轮组既可以用较小的力提起较重的物体，又能改变力的方向。用更多的滑轮组装而成的机械，则可以更加省力，也能更方便地操纵力的方向。在建筑工地上，工人们常常用滑轮往高处运送工具和材料。

滑轮从很早开始便得到了应用，我国战国时期的《墨经》中，就有关于滑轮的记载。

轮轴

顾名思义，轮轴就是由轮和轴组成的简单机械。轮轴上的轮和轴一起旋转，力就可以实现从轮到轴，或是从轴到轮之间的传递。而且由于轮的半径总是大于轴的半径，所以作用在轮上的力总是小于轴上的力。因此，使用轮轴可以达到省力的目的。

汽车的方向盘是由一个半径较大的轮和一个半径较小的轴组成的，因此是一个典型的轮轴机械。由于轮轴上轮的半径越大，转动轮轴时所用的力就越小，所以汽车司机用不大的力量转动方向盘，在轴上就能产生较大的力，进而使汽车转弯。除了汽车的方向盘之外，门的把手其实也属于变形的轮轴。此外，生活中常见的辘轳、石磨、自来水龙头的扭柄、自行车的脚踏板等，也都属于轮轴。

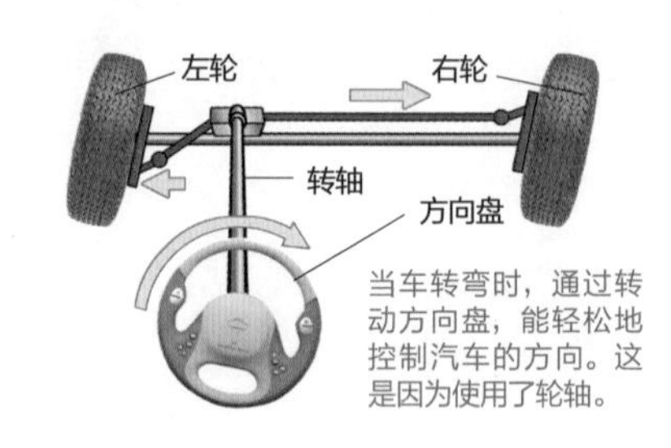

当车转弯时，通过转动方向盘，能轻松地控制汽车的方向。这是因为使用了轮轴。

机械传动

机械传动指的是利用机械方式传递力和运动的传动。机械传动在机械工程中应用得非常广泛。根据传力方式的不同，机械传动可分为摩擦传动、链条传动、齿轮传动、皮带传动、液压传动、连杆传动、钢丝索传动等。

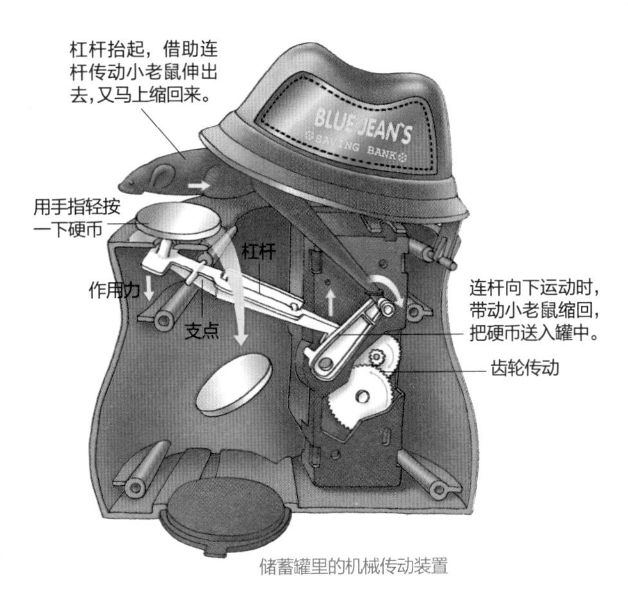

储蓄罐里的机械传动装置

皮带传动

把皮带套在两个轮子上，其中的一个轮子转动，进而带动另一个轮子转动，并保持转动方向相同，这种传动方式就叫皮带传动。使用皮带传动时，一般是被带动的轮子离动力源较远。因此，皮带传动不像齿轮传动那样必须两个轮子彼此接触才能传递动力。如果用皮带连接起来的两个轮子的半径不同，转速就会发生改变，其中大轮的转速要比小轮的慢。

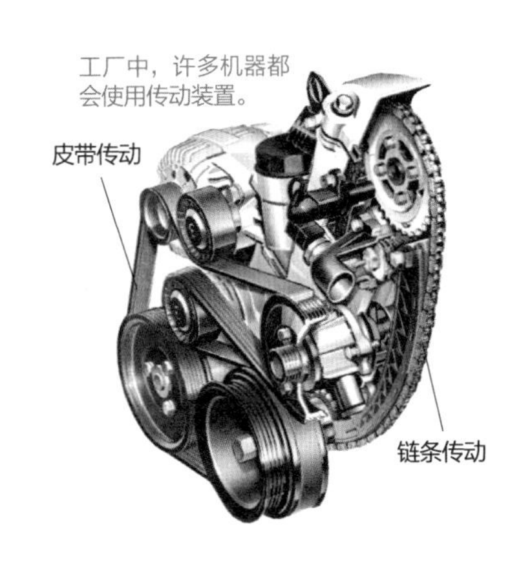

连杆传动

用曲柄将连杆与转动的轮子连在一起，就构成了连杆传动。连杆传动能把直线运动转变为旋转运动，或把旋转运动转变为直线运动。例如火车和汽车上内燃机所产生的动力，就是通过连杆机构传递给车轮，从而带动车轮转动的：内燃机燃烧汽油、柴油等燃料后，会释放出高温、高压气体，这些气体作用在气缸末端的活塞上，便会推动与活塞相连的连杆；然后连杆另一端的曲柄就会随之把连杆的直线运动转化为旋转运动，由此便能推动汽车的轮子了。

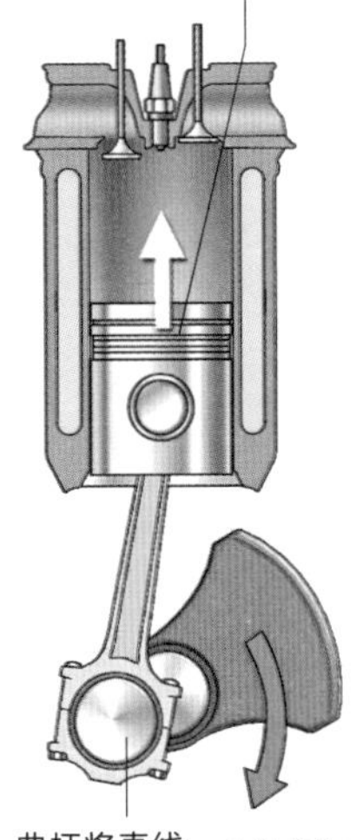

汽车发动机内的连杆传动

链条传动

我们骑的自行车上，就装着链条传动装置。将链条套在两个有齿的轮子上，给其中一个轮子动力，让它旋转，它就会通过链条，带动另一个轮子一起旋转。链条的作用和皮带传动中皮带的作用一样，但是链条可以扣住转轮上的齿，比起皮带，多了一个防止打滑的功能。

自行车上的链条传动

电

电既是一种自然现象，也是一种能量。自然界中的任何物体都带有电荷。电荷有正负两种，它的最大特征是同种电荷相排斥，异种电荷相吸引。物体中的电荷既不能创造，也不能消灭，它只能从一个物体转移到另一个物体上，最后达到正负电荷的平衡。当物体内的电荷发生变化时，就会产生电现象，如雷雨中的闪电、人身上的静电等。

电池大家族

电池是把化学能、光能、热能等能量直接转换为电能的装置，包括原电池、蓄电池、储备电池和燃料电池等几大类。电池与我们的生活息息相关，玩具、手表、手机、收音机、汽车、航天飞机等，都需要电池才能工作。各种电源里，电池的历史最久。世界上第一个电池，是A. 伏打在1800年用不同金属与电解液接触所制成的伏打电堆。

电池电流的产生

不同类型的电池，产生电流的方式是不同的。比如，锌锰电池、锌银电池、锂电池等化学电池，是通过内部化学元素相互作用所发生的氧化还原反应，把正极、负极活性物质的化学能转化为电能，从而产生电流的；太阳能电池是通过半导体，把太阳光的能量转换为电能，从而产生电流的；核电池则是在核裂变能产生大量能量这一现象的基础上，利用放射性同位素衰变时产生的能量来推动发电机，进而产生电流的。相对而言，核电池比一般的化学电池寿命长，而且输出的电流也比一般的化学电池大很多。不过由于它的制作成本比较高，因此多用于一些需长时间工作又不怎么需要更换电池的仪器。

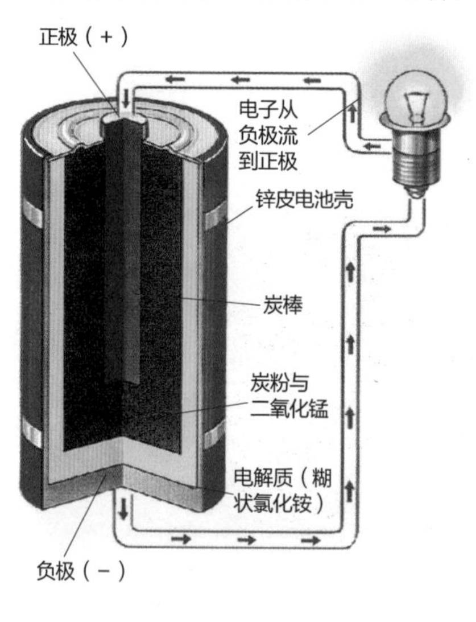

电池中的化学反应使电子从负极流出，通过用电器，流到正极。电池的作用就像一个电子泵，迫使电子在导体中流动。

电池的危害

有些电池含有少量的重金属，如铅、汞、镉等。虽然这些物质在使用过程中，被封存在电池内部，并不会对环境造成影响，但经过长期的磨损和腐蚀，难免会泄漏。这些重金属元素一旦进入土壤或水源，很容易通过各种途径进入生物的食物链，进而造成不小的危害。比如电池中的重金属一旦通过食物链进入人体，就会在人体内积蓄，而且难以被排出。随着时间的推移，重金属积蓄到了一定的量之后，就会损害人体的神经系统、造血功能和骨骼等，甚至可以致癌。因此，我们应当正确处理用完的一次性电池，把它们集中扔到专门回收电池的垃圾桶中，这样不但不会污染环境，还能让重金属得到回收利用。

西红柿电池

你知道吗？我们平时常吃的西红柿，居然也可以做成电池！

首先，你需要准备几个西红柿、一个小灯泡、一枚铜片、一枚铝片、一根导线；然后，把铜片和铝片分别插在西红柿的不同部位，再将电线依次接在铜片和铝片上，这样就组成了一个电路。重复这样的过程，直到把几个西红柿串联成一个闭合的回路，最后连上小灯泡，一个简易的西红柿电池就做成了，小灯泡能发光了！西红柿电池的原理很简单：铜片是正极，铝片是负极，西红柿含有大量的水果酸，可以作为电解质，用来导电。当金属片插入西红柿时，西红柿中的水果酸会与插入的金属片发生化学反应，然后产生微弱的电流。将好多个西红柿串联起来，便会产生更多的电流，小灯泡于是就被点亮了。

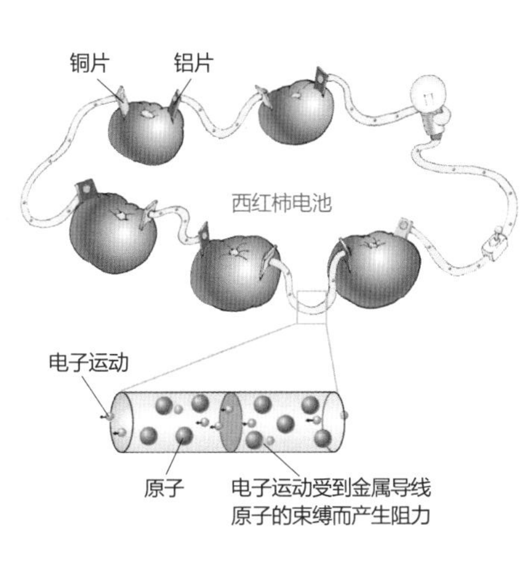

雷电实验

B. 富兰克林是 18 世纪美国著名的实业家、科学家、社会活动家、思想家，也是研究电学的先驱者。他用风筝进行的雷电实验，是关于电的最著名的实验之一。

1752 年 7 月的一天，阴云密布，电闪雷鸣，一场暴风雨即将来临。富兰克林和他的儿子威廉一起，来到一片空旷地带，准备放飞一只实验风筝。这个风筝是用丝绸制成的，风筝的顶端竖有一根细铁丝，铁丝与一根细麻制成的风筝线相连，风筝线的末端系了一把铜钥匙。天上划过一阵阵闪电，富兰克林高举起风筝，他的儿子则拉着风筝线跑起来，风筝很快就被放上了高空。富兰克林和他的儿子拉着风筝线，焦急地期待着。不一会儿，一道闪电刚好从风筝上掠过，富兰克林随之感到抓着风筝线的手一阵麻木，他立即掏出丝绸手帕，裹住风筝线，另一只手则靠近系在麻绳上的钥匙。这时，蓝白色的火花向他手上击来。“天电”被引下来了！雷电实验的成功，使富兰克林萌发了用金属吸引雷电的念头，并由此发明了避雷针。

富兰克林通过风筝试验，发明了避雷针。

避雷针

电虽然给我们的生活带来很多益处，但是有时也会导致人身伤害和经济损失。

带电的云层接近地面时，由于静电感应，大树、铁塔、烟囱、高层建筑物等凸出于地表的物体上就会聚集起不少电荷。当这些电荷累积到一定程度时，带电的云层和这些凸出于地面的物体之间就会产生强烈的放电反应，形成雷电，从而可能会给人和建筑物等带来伤害。

为了避免这种情况，我们需要一根带尖的金属棒来帮忙，这就是避雷针。避雷针通常用铜制成，被安装在建筑物顶端，由低电阻电缆与地下的金属板连接。闪电经过时，避雷针可以截留闪电，将闪电的电流导入地下，从而在一定的范围内保护地面建筑物或电力设备，使之免受雷电的破坏。

避雷针可以将电流引向自身，导入地下，从而保护建筑物的安全。

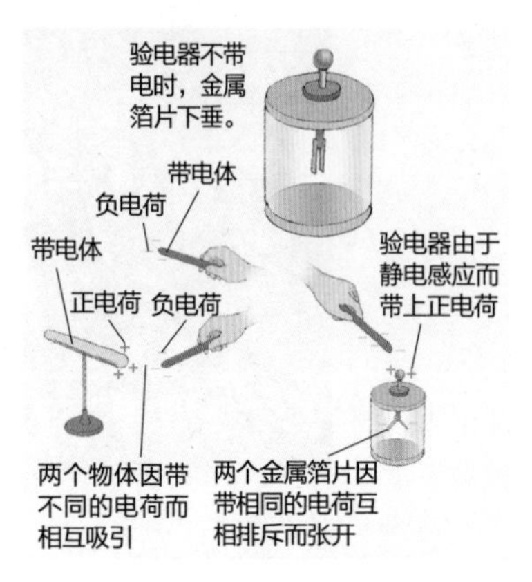

静电感应原理图

静电

静电是一种处于静止状态的电。在干燥的秋天，人们脱衣服时，常会听到噼啪声；见面握手时，手指刚一接触到对方，就会突然感到指尖有针刺般的刺痛；早上起来梳头时，头发也会经常飘起来……这些都是静电现象。静电产生的方式有很多，如接触、摩擦、电解、温差等，但主要形式是摩擦产生静电和感应产生静电。摩擦产生的静电需要物体直接接触才能形成，这种静电通常发生于绝缘体与绝缘体之间，或是绝缘体与导体之间。比如，用一块羊毛织物擦拭一块玻璃，羊毛织物就会从玻璃上取走一些电荷，使玻璃带正电，而羊毛织物本身也会带上负电，这样就产生出静电了。感应产生的静电则发生于带电物体与导体之间：把导电体放在带电物体附近，导电体表面就会出现静电，这一过程中两种物体无须直接接触。

静电复印

复印是人们很熟悉的一种复制资料的方式，可你知道吗？复印机就是利用静电感应的原理制成的。

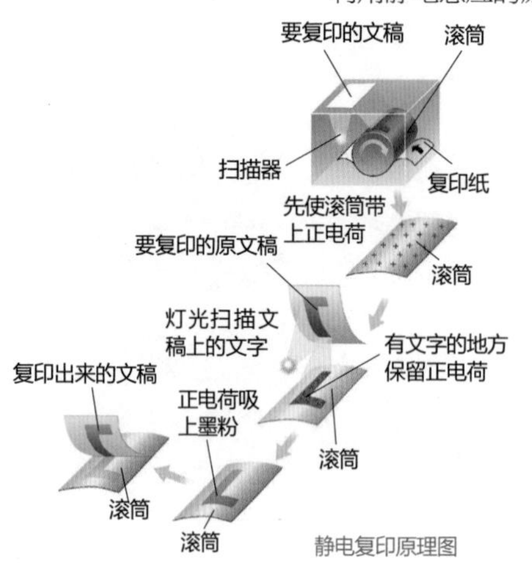

静电复印原理图

在复印机中，有一个重要的部件叫硒鼓。它是在铝质滚筒的表面镀上半导体硒之后制成的。半导体硒在没有光照射时，是很好的绝缘体，能保持电荷；而当它受到光的照射后，则会立即变成导体，将所带的电荷导走。

复印机工作时，首先会给硒鼓充电，使其表面带上正电荷；然后利用光学系统，将原稿上的字迹曝光成像于硒鼓上。这样一来，硒鼓上有文字的地方保持着正电荷，其他地方则由于受到光照，正电荷被导走。硒鼓上有文字、带正电的部分，会通过静电效应吸引墨粉，被吸引的墨粉随之就沾在了硒鼓上有文字的地方。最后，硒鼓再从复印纸上滚过，就产生了与原稿相同的文字和图案了。这就是我们平时使用的复印机复印资料的原理。

静电除尘

静电除尘是通过静电除尘器实现的。静电除尘器由金属烟筒和悬在烟筒中的金属线组成。金属线接到电源的正极，金属烟筒的内壁则接到电源的负极。正极与负极之间，有很强的电场，而且金属线距离内壁越近，电场也就越强。当带有烟尘的空气从金属筒中经过时，空气分子会被强电场电离，成为电子和正离子。电子随后受到作为正极的金属线的吸引，会向着正极运动。这个过程中，电子遇到空气中的尘粒，就会使尘粒带上负电，尘粒进而被吸到正极上，最后在重力的作用下，落入金属筒最下方的漏斗中。以煤为燃料的工厂、电站等，常用静电除尘的方式来过滤烟尘。

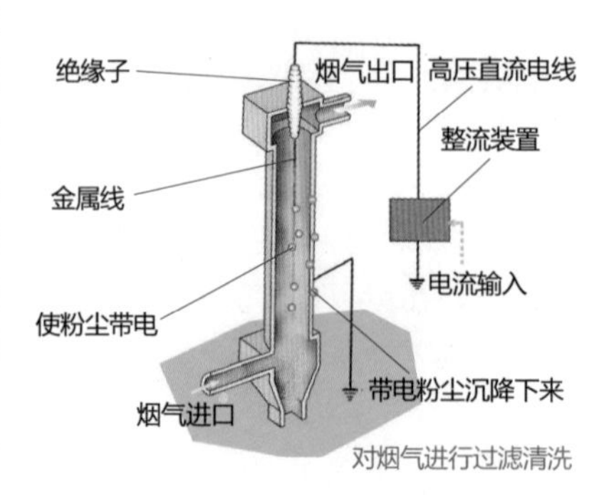

对烟气进行过滤清洗

电路

电路指的是由金属导线等电子元件组成的导电回路。最简单的电路，用电源、小灯泡、金属导线、开关就可以组成。物理学中，电路导通的状态叫通路。只有在通路的情况下，电路中才有电流通过。相反，电路某一处断开的状态，叫断路或开路。断路时，电路中不会有电流通过。

串联电路

串联电路，顾名思义，就是将各种元件连成一串的电路。在串联电路中，电流从电源流出后，会沿着唯一的路径，依次流过小灯泡、开关等元件，中间没有分支。就好比水流沿着一条线路流淌时，各处的流量都是相同的一样，串联电路上的电流也是处处相等的。在串联电路中，不管开关在什么位置，都能控制整个电路。比如，路灯就是由串联电路连接起来的，只要开关一开，长长的一排路灯就会全部亮起来。

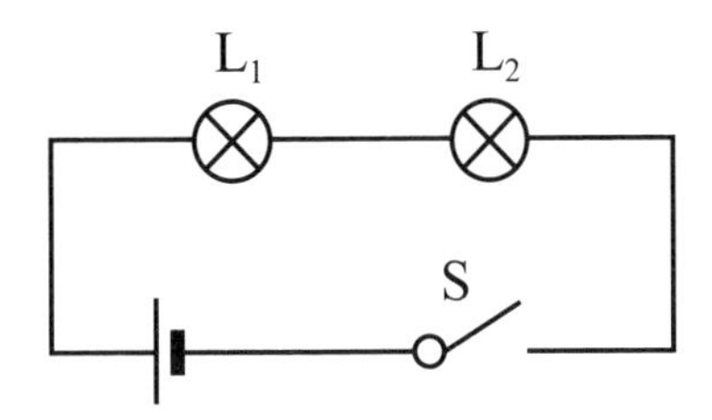

串联电路图（S 代表开关，L 代表小灯泡等元件。）

并联电路

与只有一条电流路径的串联电路不同，并联电路有多条电流路径。并联电路中的元件是被并列地接到电路中的，电路中的电流因此也被分为了几个分支。并联电路上，各支路的电压是相等的，而且各支路可以独立工作，互不影响。关掉并联电路中支路的开关，其他支路上仍然可以有电流通过。虽然一段马路旁的路灯常常是串联电路，但一片区域的路灯通常是并联电路。因为这样一来，即使这片区域内某条线路上的一个路灯坏了，这片区域内其他线路上的路灯还能亮。

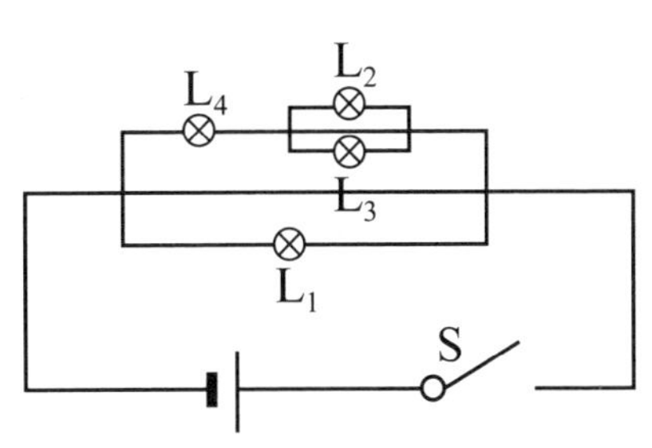

并联电路图（S 代表开关，L 代表小灯泡等元件。）

导体、绝缘体和半导体

善于传导电流的物质，被称为导体，铜、银、铝、铁、锡等金属，金刚石、石墨等矿物，以及碱、酸、盐的水溶液，乃至人体等都是导体，其中金属是最常见、导电性能也较好的一类导体；与导体相反，不善于传导电流的物质，则被称为绝缘体，常见的绝缘体有玻璃、橡胶、塑料、陶瓷等。导体和绝缘体的划分不是绝对的，绝缘体在特定的条件下，也可以变为导体。比如空气通常是不导电的，但雨天潮湿时则会导电。

除了导体和绝缘体之外，还有一种导电性能介于导体和绝缘体之间的材料，叫半导体。半导体是集成电路和光电器件的主要材料，在近代科学技术发展中起了关键性的作用。

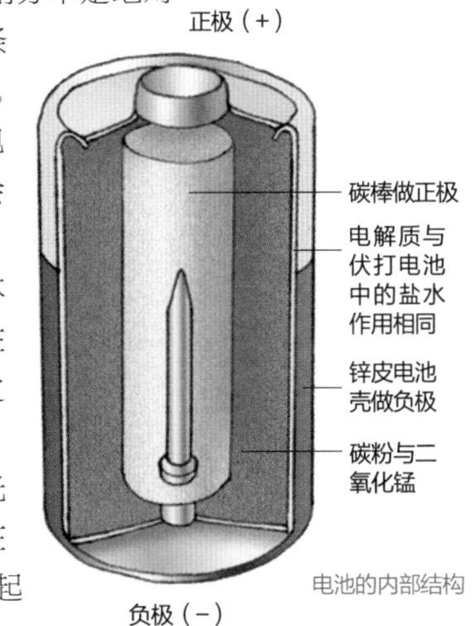

电池的内部结构

磁

人类在很早的时候，就认识了一种具有磁性的物质，并把它称为“磁石”。我国古代四大发明之一的指南针，就是用磁石制成的。后来，指南针传到西方，大大推动了西方航海业的发展。在现代社会中，磁性物质也发挥了重要的作用。没有磁性物质，我们就无法发电、看电视、打电话……

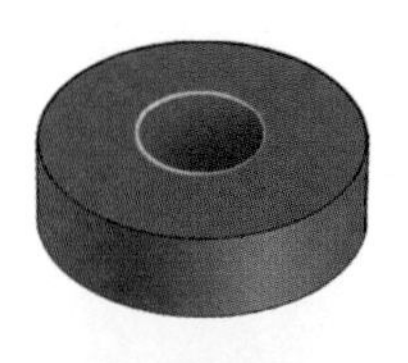

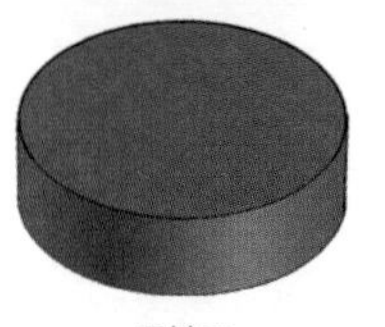

吸铁石

磁体

磁体是一种很神奇的物质。它有一种无形的力，既能把一些东西吸过来，又能把一些东西排开。这种现象很早就被人们注意到了，人们于是把这种具有磁性的物体叫磁体。

很久以前，我们的老祖先就发现了自然界中的天然磁体——吸铁石，知道它可以吸引针和铁屑等金属物质。地球本身也是一个大磁体，地球两个磁极的中心分别位于地理的南、北两极（地球自转轴与地面的交点）的附近。在地理的北极附近的磁极是地磁南极，而在地理的南极附近的磁极是地磁北极。

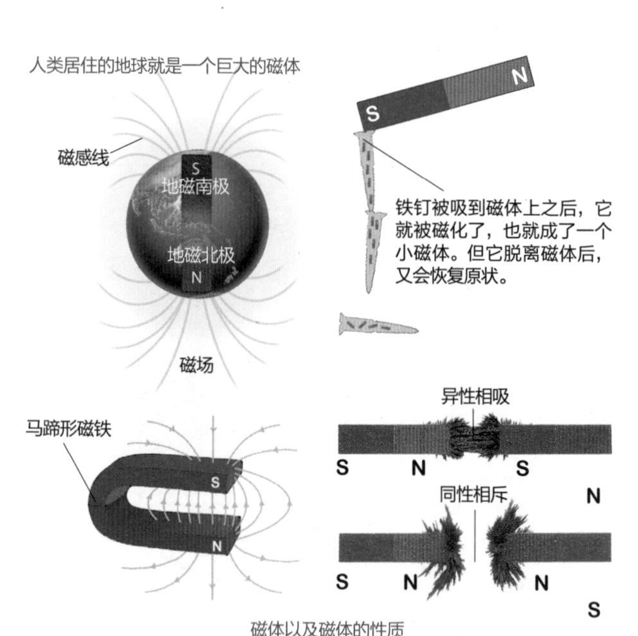

磁体以及磁体的性质

磁场

磁场线能够通过铁粉显示

磁场线

磁铁不与铁钉接触，就能把铁钉吸起来，这说明磁铁周围存在着一种物质，它是传递磁力的媒介，这种物质就是磁场。磁场是电流、运动电荷、磁体或变化电场周围空间存在的一种传递磁相互作用的特殊形态的物质。

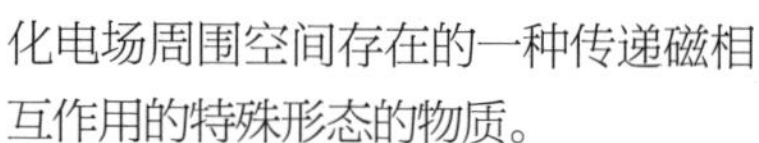

虽然磁场既看不见，又摸不着，但各种物理现象和实验却证明，磁场是客观存在的。我们可以通过铁粉让磁场线显示出来：将条状磁铁放在白纸下面，铺撒一堆铁粉在白纸上面，这些铁粉会自动被吸引到有磁场线的地方，沿着看不见的磁场线形成一条条的曲线，从而显示出磁场线的存在。有时，出现于地球北极高空的极光，也可以显示出地球的磁场线。直接或间接的观测表明，地球、天体和星际空间都存在着强度不同的磁场。人体的一些组织和器官也会由于生命活动而产生微弱的磁场。磁场对于科学研究、现代生产技术和人类生活有重要的意义。比如在以电磁感应为基础的发电、传输电和用电技术中，就广泛需要磁场。

磁极

磁铁上磁性特别强的区域，就叫磁极。比如条形磁体的两端磁性最强，

那么两端就是两个磁极。每个磁体都有性质不同的两个磁极，一个称为S极（南极），一个称为N极（北极）。磁极之间会出现同性磁极相互排斥、异性磁极相互吸引的现象。

在任何磁体中，磁极都是成对出现的，而且两个磁极的磁性强度也相等。把一块磁体折成两段，并不能把它的S极和N极分离开，而是两段磁体又会各自拥有了自己的一对S极和N极，这是磁现象的基本特点。

磁感应

磁体之间的相互作用就是磁感应，磁感应是通过磁场产生的。将磁铁靠近玻璃筒壁上下移动，玻璃筒里边的曲别针也会跟着上下移动。这是因为，曲别针是用金属铁做成的，而磁铁的周围存在着磁场，由于磁感应的存在，曲别针在磁场中被磁化，从而也产生了磁性。在自然界中，最容易通过磁感应被磁化的物质，就是金属铁。

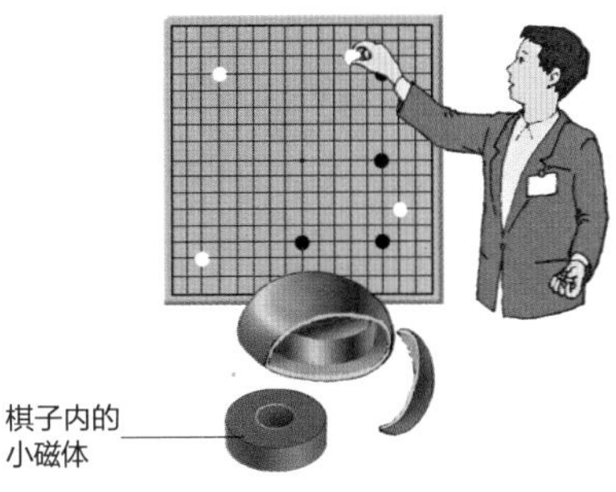

教学用的围棋挂盘一般是铁制的，每个棋子都是一块磁体。所以下棋时，棋盘可以竖着放而棋子却不会掉下来。课堂上，老师也常用小磁体来固定挂图。

磁存储

通过磁化作用，使磁性材料发生选择性磁化，从而把与声音、图像和数据信息对应的电信号保存下来的方法，就叫磁存储。比如录音的磁带上就涂有磁粉，每个磁粉粒都是一个小磁体。录音时，声音先被转换成了强弱不同的电流，这种电流通过录音磁头时，就会产生强弱变化的磁场，使磁带上的磁粉被强弱不同的磁场磁化。这样一来，声波的音调与音量就被记录在磁带上了。

早在1900年，丹麦的工程师V.浦耳生就用电磁感应法，在钢丝上记录了电话讲话，这成了人类第一次主动进行的磁存储。此后，随着科技不断进步，各种磁存储方法也相继问世。录音机使用的磁带，电子计算机上使用的软盘、硬盘等，都是磁存储的存储器。

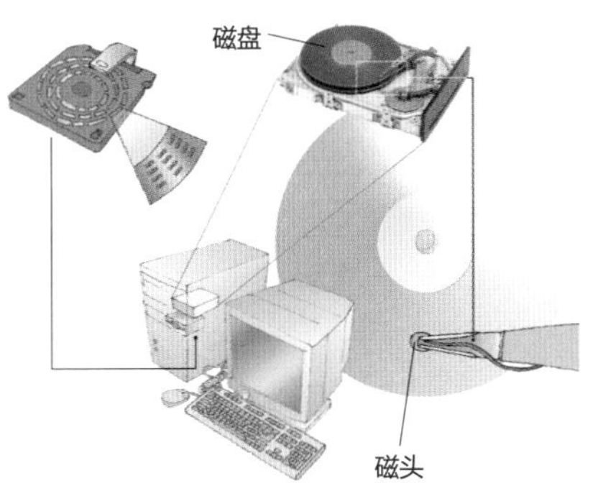

计算机用的软磁盘虽小，却可以记录许多信息。

永磁体

去掉磁场后能够长久地保持磁性，可以用来让周围的空间产生稳定的磁场的物质，就是永磁体。它们多含有铁、钴、镍成分，如铝镍钴系合金、钐钴系合金、铁铬钴系合金等。永磁体有广泛的用途，可以用来制作发电机、计算机软盘驱动器、打印机字头驱动器、声音接收器、磁疗器械等。

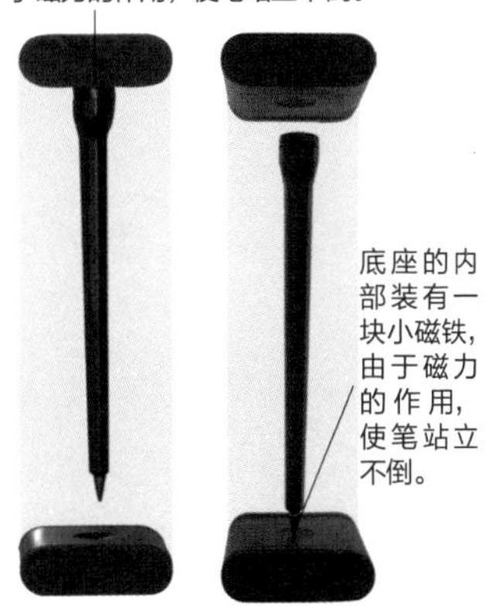

磁性笔

穿越

电饭锅为何会跳闸？

为什么饭煮熟了，电饭锅就会跳闸呢？这是因为，电饭锅里有一个用感温磁体制成的温控开关。当温度不超过100℃时，感温磁体仍有磁性，保持电路接通；而当温度升至约103℃时，感温磁体的磁性就会迅速下降，原本接触在一起的两个磁体之间的吸引力也随之变小。上面那个磁体这时就会被弹簧拉起，加热器的电路就随之断开了。这就是电饭锅自动跳闸的原理。

电磁

几千年前，人类就发现了电现象和磁现象，但却一直把它们看成不相关的两回事。直到 19 世纪 30 年代，英国物理学家 M. 法拉第发现了电和磁之间的密切关系后，人们才把电和磁紧密地联系起来，人类由此进入了电气化时代。

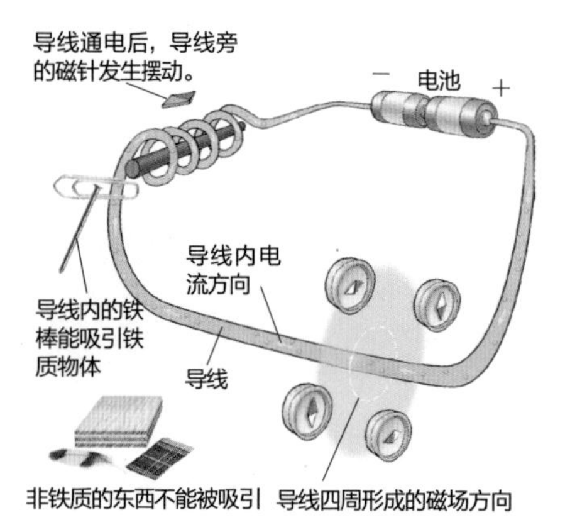

电生磁实验示意图

电生磁

取一个小磁针，让它自由静止。在小磁针上方放一根直的导线，让它与小磁针平行，然后把导线的两端分别接在电源的两极上。这时，可以观察到小磁针发生偏转；改变电流的方向，再做一次刚才的实验，会发现小磁针又发生偏转，但偏转的方向与前一次相反。实验说明，电产生了磁。这就是 H. C. 奥斯特于 1820 年观察到的电流的磁效应，也叫电生磁现象。

电生磁现象之所以会产生，是因为当一条直的金属导线里有电流通过时，导线周围的空间里会产生圆形的磁场。而且导线中流过的电流越大，产生的磁场也就越强。这种磁场的方向，可以根据安培定则（右手定则）来确定：将右手的拇指伸出，指向导线内电流流动的方向，其余四指并拢弯向掌心，这时，四指指尖的方向，就是产生的磁场方向。

如果将一条通电导线放到一个磁场中，由于通电导线本身也产生磁场，所以导线产生的磁场和周围原有的磁场就会产生相互作用，使磁感线振动，从而带动振膜一起振。动圈式扬声器就是利用这种原理制成的。

磁生电

如果把一个螺线管的两端接上检测电流的检流计，在螺线管内部放一根磁铁。当把磁铁从螺线管中迅速抽出时，可以看到检流计指针发生了偏转，而且磁铁抽出的速度越快，检流计指针偏转的程度就越大。同样，如果把磁铁插入螺线管，检流计的指针也会偏转，但偏转方向和抽出时相反。这种利用磁场产生电流的现象就是磁生电现象，也叫电磁感应现象。这一现象是英国物理学家 M. 法拉第研究了约 10 年时间于 1831 年发现的。

磁生电的现象为什么会产生呢？这是因为，磁铁周围的空间有磁感线。如果把磁铁放在螺线管中，磁感线就会穿过螺线管；如果把磁铁抽出，使磁铁远离螺线管，穿过螺线管的磁感线的数量就会减少。正是这种穿过螺线管的磁感线的数量的变化，使螺线管中产生了感生电动势。如果这时螺线管是闭合的，就能产生电流，这种电流叫感应电流。如果磁铁是插入螺线管内部，这时穿过螺线管的磁感线

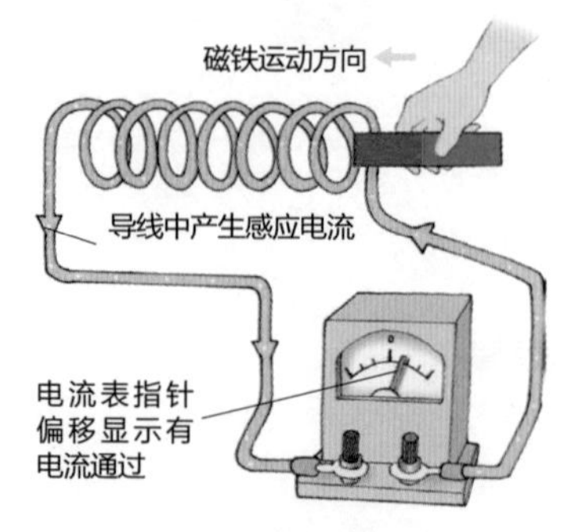

磁生电实验示意图

增多，产生的感应电流的流动方向就会和磁铁抽出时相反。发电机就是利用磁生电的原理发电，将机械能转化为电能的。

钢铁厂里搬运废钢铁常使用电磁铁起重机。起重机的吊盘由电磁铁做成，当吊盘通入强大的电流时，就产生了很大的磁力，可以把废钢铁吸到吊盘上，然后运走。切断电源，电磁铁就会失去磁性，废钢铁便会从吊盘上掉下来。大型的电磁铁起重机一次可以提起数吨重的钢铁块。

电磁铁

在铁芯等材料上按一定方法缠绕上导线，将其做成线圈，当线圈中通入电流后，铁芯就有了磁性，变成了电磁铁。而且线圈中的电流越大，电磁铁产生的磁力越强。电磁铁有很多用途，比如电磁铁起重机能用来吊运和装卸铁磁性物体，牵引电磁铁能用来牵引和推斥机械装置，磁悬浮列车就是靠车身和铁轨上安装的电磁铁产生的磁力悬浮起来的，学校里的电铃也是利用电磁铁工作的。

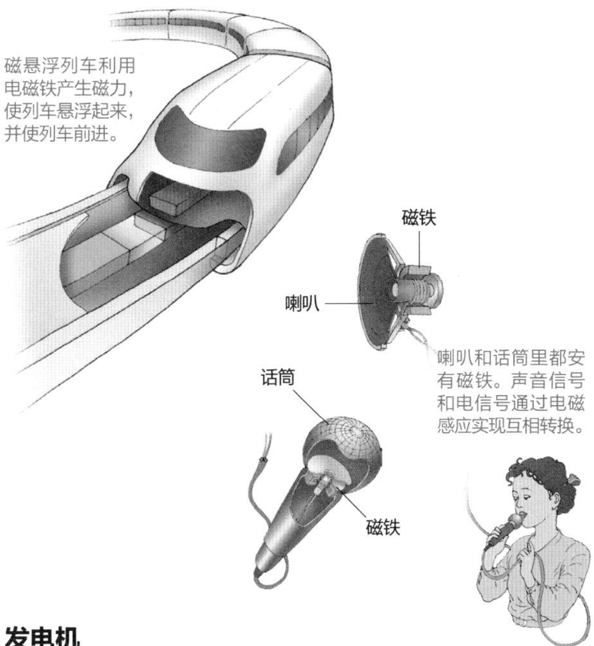

磁悬浮列车利用电磁铁产生磁力，使列车悬浮起来，并使列车前进。

喇叭和话筒里都安有磁铁。声音信号和电信号通过电磁感应实现互相转换。

电动机

电动机又叫马达，是把电能转换成机械能的一种设备。电动机按使用电源的不同，可以分为直流电动机、交流电动机和交直流两用电动机。电动机能够提供的功率范围很大，使用、控制起来非常方便，工作时的噪声也很小，而且不像内燃机那样产生废气污染环境，因此在许多方面起着重要的作用。从家庭中的电风扇、洗衣机到工厂中的各种机床以及许多农业机械，都是用电动机提供动力。

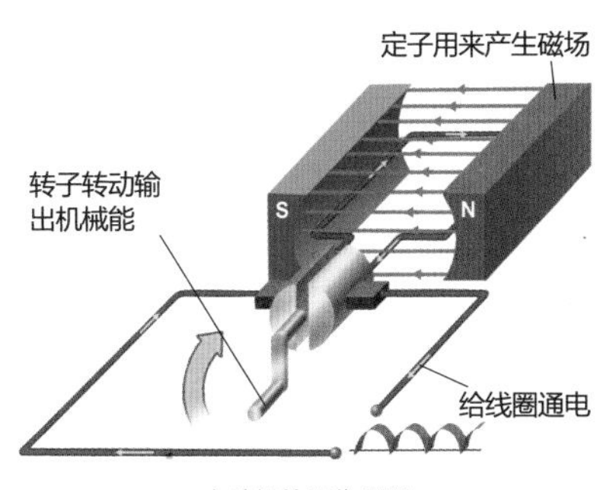

电动机的工作原理

发电机

发电机是将其他形式的能源转换成电能的机械设备。它由水轮机、柴油机或其他动力机械驱动，将水流、气流或原子核裂变产生的能量等转化为机械能，然后利用机械能，不断在发电机内部切割磁感线，使穿过转子的磁感线数量不断发生变化，电流便源源不断地从发电机里流出了。无论是火力发电厂、水电站，还是风力发电场、地热发电站，都用发电机发电。虽然不同的发电厂使用的发电机类型不同，但它们的工作原理都基于电磁感应现象。

发电机的工作原理

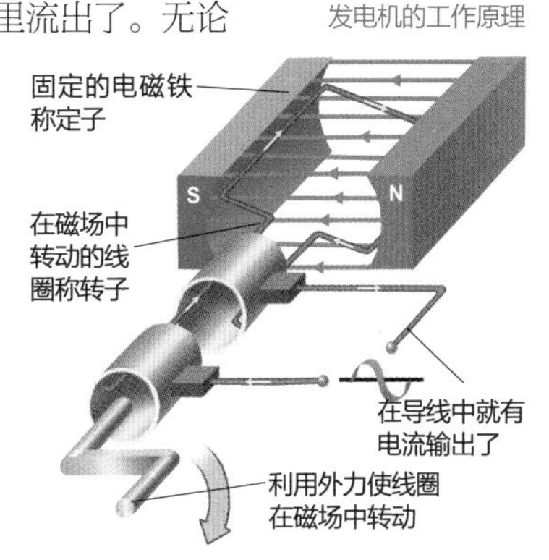

声

我们生活的环境中，充满着各种各样的声音，如虫鸣鸟叫声、风雨声、汽车喇叭声和人们的说话声、唱歌声等。声是物体振动时所产生的一种波。但声波还不是声音，声波进入耳朵后，迫使耳膜振动，把声波传递给听觉神经，大脑的听觉神经形成的听觉才是声音。

人的发声频率范围是85～1100赫兹

因为有着数不尽的声源，所以自然界永远也不会沉寂。

声源

声音是由物体的振动产生的。一切发声的物体都在振动。物理学中，人们把产生声音的物体称为声源。振动的声带、振动的音叉、敲响的鼓等都是声源。在自然界中，不仅固体能够振动发声，气体和液体也能够振动发声，比如风声和海浪声，就是空气和海水振动所发出的。我们每个人说话、唱歌时，都是一个声源。

声速

声速又叫音速，指的是声音在介质（传播声波的物质）中的传播速度。介质可以是固体、液体和气体。声波在不同介质中的传播速度一般不同，在固体中传播速度最快，液体次之，在气体中速度最慢。所以，古代打仗时，士兵趴在地上，耳朵贴着地面，可以比站着更早听到远处军队的马蹄声。

音调

声音的高低就是音调。各种声源发出的声音，之所以听起来有高有低、有各自不同的音调，是因为发声物体振动的频率不同。频率是指物体在1秒钟内振动的次数，它的单位是赫兹，简称赫，用符号Hz表示。对人类来说，只有频率在20～20000赫兹范围内的声波才能被听见，这段声波也被称为人类的可闻声波。

响度

响度是声音听起来有多响的程度。响度与客观上的声强（每秒钟垂直于声音传播方向的单位面积上的能量）有关，也与声源的振动幅度和距离声源的远近有关。通常来说，声强越大，声源振动的振幅越大，距离声源越近，响度越大；而声强越小，声源振动的振幅越小，距离声源越远，响度也就越小。

音色

音色是声音的特色，也叫音品、音质，是声音的三要素（音调、响度、音色）之一。不同的乐器演奏同样一首乐曲时，之所以能发出各自不同的声音，正是由于各种乐器的音色不同。而音色之所以存在，是因为在发声物体所发出的声音里，除了一个基音外，还有许多不同频率的泛音伴随，这些泛音决定了各种声音不同的音色。对于乐器而言，泛音和乐器上发声物体的材料、形状等有很大的关系，比如，弓弦乐器是用琴弓上的弓毛摩擦琴弦而发声的；管乐器则是演奏者向管中吹气，吹出的气流使管中的空气柱产生振动而发声的。

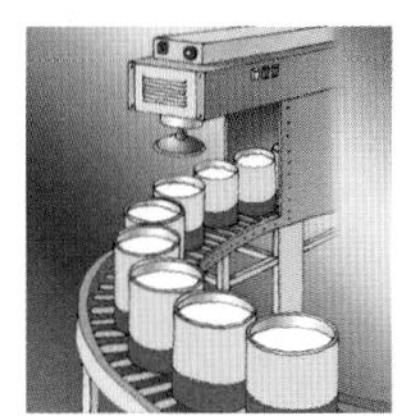
超声波消毒

超声波探伤

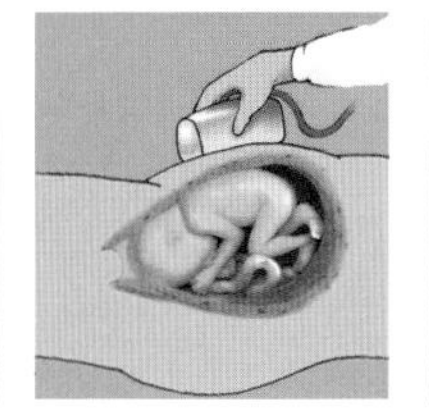
超声波诊断

超声波探测鱼群

超声波测水深

超声波的应用

多普勒效应

当观察者与发出声波的波源之间有相对运动时，观察者接收到的声波频率和波源发出的声波频率会有一定的差别。这种现象，就是多普勒效应，它的名字为纪念奥地利物理学家、数学家 J. C. 多普勒而取的。

多普勒效应告诉我们，当波源接近观察者时，观察者接收到的频率会变高，人耳听到的声音的音调会由此升高；而当波源远离观察者时，观察者接收到的声波频率则会变低，人听到的声音的音调也会随之降低。当轰鸣的火车从人的身边飞驰而过时，人们起初觉得汽笛的音调变高，而当火车远离人时，汽笛的音调听上去又变低了，这正是多普勒效应的反映。

除了声波，电磁波、光波以及其他机械波等都能发生多普勒效应。利用多普勒效应，可以制成民用或警用的雷达测速仪、超声多普勒血流仪等，用于测定汽车、火车运动的速度，以及血液中红细胞的运动速度等。根据多普勒效应的原理，还可以测出其他恒星正在远离地球，这说明宇宙正在不断膨胀。

超声波

频率超过 20000 赫兹的声波，人耳是听不到的，这种声波就叫超声波。超声波的穿透力很强，能沿直线传播到很远的地方，根据超声波反射回来的时间和强弱，可以判断出障碍物的位置和范围。因此，超声波可用来探测水底地形、海洋深度，或用来检查金属制品内部有无缺陷等。超声波的频率很高，能引起介质的剧烈振动，所以也能用超声波来清洗仪器、洗衣、洗碗等。

次声波

次声波是低于 20 赫兹的声波，也叫亚声波。地震、台风、核爆炸、火箭起飞等都能产生次声波。因此，建立次声波接收站，可以探测海啸、地震、台风等，还能探测到火箭发射和核实验。次声波的波长往往很长，能绕开某些大型障碍物，一些次声波甚至能绕地球几圈。虽然人几乎无法听到次声波，但次声波却可以引起人体器官的共振，进而给人带来伤害，引起全身不适、头晕目眩、恶心呕吐，甚至会导致精神失常、内脏破裂等症状。次声武器就是利用次声波的这种杀伤力而研制的。

分贝

分贝是表示声音强弱级别（音量大小）的单位，符号为 dB。分贝的数字越大，声音就越响。1 分贝大约是人刚刚能感觉到的声音；时钟滴答声约为 15 分贝；人低声耳语约为 30 分贝；冰箱、电风扇的声音为 40 ～ 70 分贝；汽车噪声为 60 ～ 100 分贝；电锯声约为 110 分贝；喷气式飞机的声音约为 130 分贝。一般来说，30 ～ 45 分贝是较理想的安静环境，超过 60 分贝会影响休息和睡眠，超过 120 分贝的声音就会让人耳痛了。

蝙蝠靠超声波来探测和定位自己的飞行目标

穿越

超音速飞机

超音速飞机是指飞行速度能超过音速的飞机。1947 年 10 月 14 日，美国空军试飞员 C.E. 耶格尔驾驶“X-1”火箭飞机，在约 12000 米的高空飞行时，速度超过了音速。所谓音障，是指飞机的飞行速度接近音速时，进一步提高飞机速度所遇到的障碍。音障会使机身抖动、失控，甚至会导致飞机空中解体。经多次研究试验，战斗机的飞行速度在 20 世纪 50 年代初期终于超过了音速。英国、法国联合研制的“协和”飞机，以及苏联研制的“图-144”飞机，是仅有的两种曾批量生产并投入商业运营的超音速客机。但由于多种原因，超音速客机如今并未大规模推广使用。

回声

在山里大声叫喊，可以听到回声，这是声波碰到山这个障碍物后被反射回来所形成的。我们听到的反射回来的声波，就叫回声。如果反射声波的障碍物离我们很近，回声就和原来的声音混在一起，我们分辨不出它们，回声只是使原来的声音加强了。在门窗关闭的室内谈话，听起来比在旷野里的声音大，就是这个道理。

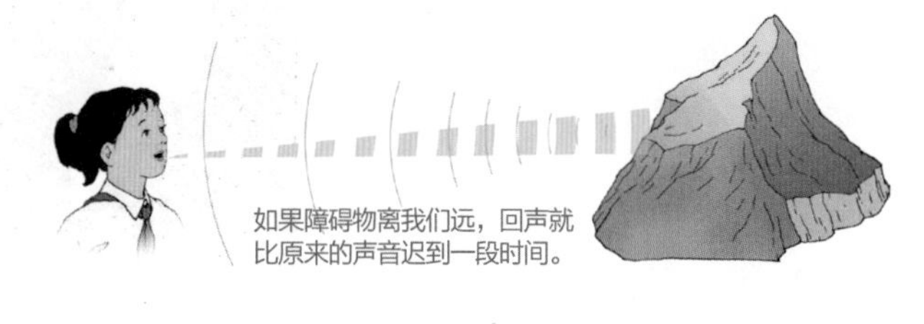
如果障碍物离我们远，回声就比原来的声音迟到一段时间。

回声定位

回声定位是利用回声来确定障碍物的方位的方法。在自然界中，蝙蝠、海豚等动物就是通过超声波的回声定位，来避开障碍物、捕捉食物或相互沟通联系的。根据声波的特性而制造的声呐等各种仪器，也都是通过回声定位的方法来帮助我们探测海中的鱼群、礁石、沉船、潜艇，或是测量海洋深度的。回声定位除了能用于渔业、打捞作业、军事领域，还可以用于导航、石油开发等方面，对海洋开发具有十分重要的作用。

回音壁和三音石

北京的天坛公园以雄伟庄严的建筑艺术闻名中外。园中回音壁和三音石的奇妙声学现象更是吸引了海内外的许多游人。

回音壁是天坛公园里的一座高约3.72米，厚约0.9米的圆形围墙。整座围墙砌得光滑齐整，是一个优良的声音反射体。如果一个人站在东配殿的墙下，朝北轻声说话，另一个人站在西配殿的墙下，也朝北轻声说话，二人把耳朵靠近墙，就可清楚地听见远在另一端的对方的声音，而且无论说话声音多小，都可以听得清清楚楚。这种有趣的现象，是声音经围墙不断反射，并沿着围墙传播所产生的。

三音石则是皇穹宇殿门外的轴线甬道上的三块石板，位于回音壁所围成的圆形的中央。站在第一块石板上面向殿内说话，能听到一次回声；站在第二块石板上面向殿内说话，能听到两次回声；站在第三块石板上面向殿内说话，能听到三次回声。实际上，三音石的回声当然并不止三声，而是能多达五六声。之所以会这样，是因为声音等距离地传到四周的圆形围墙后，同时反射回中央，使人听到了第一次回音；紧接着回音又传到四周的围墙，再被同时反射回中央……这样往返数次，便产生很多次回声，直到回声完全被墙和空气吸收为止。

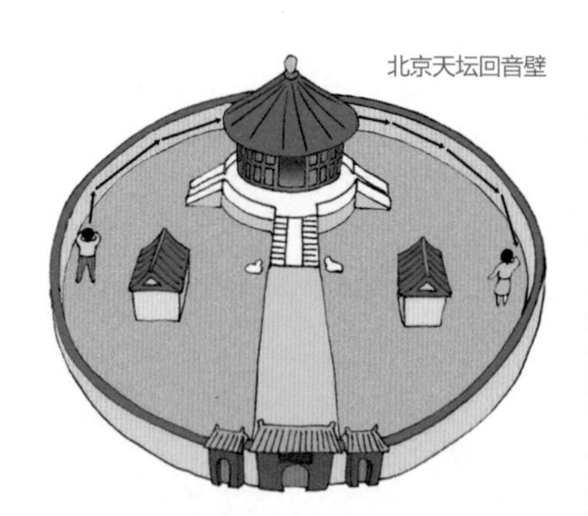
北京天坛回音壁

录音

录音是将声音通过传声器、放大器转换为电信号，再记录下来的过程。录音的方式有很多，比如，唱片录音是将声音变成机械振动，然后在转动的圆形塑质片上刻上与声音对应的槽纹；磁性录音是将声音变为强弱不同的感应磁场，然后记录在磁带或存储器里；光学录音则是将声音变为光束的强弱或宽窄变化，再用照相感光的方法，在转动着的光盘或移动着的胶片上把与声音对应的光记录下来。

声控

用声音进行控制的技术，就是声控。它是一种把声波变成诱发信号，用声音启动装置，以自动行为代替人工操作的技术。

生活中的声控装置非常多。晚上，人在楼梯上走动时，脚步声会诱发声控节能电灯，使电灯通电发光；为了帮助全身瘫痪的病人，科技人员设计了声控轮椅，它能按照人的口令前进、倒退、左右转弯、停止，使病人不需要其他人的帮助，便能实现一定范围内的活动；有些移动电话也有声控功能，对着电话直接说出联系人的姓名，电话就能自动拨号；在安装了声控导航装置的汽车上，只需说出目的地，导航装置就会规划出一条前往目的地的最佳线路，免去驾驶员驾车时烦琐的手动查询。

声呐

利用声波对水下物体进行探测、定位识别的方法和所用的设备，都可以称为声呐。声呐可以分为主动声呐和被动声呐。主动声呐向水中发射声波，通过接收水下物体反射回的声波来发现目标，测定方位、速度等；被动声呐不发送声波，而是通过接收目标的辐射噪声，探测目标并测定相关参数。声呐已经广泛运用在军事、考古、能源开发等领域的水下作业中。

乐音和噪声

乐音是声波振动有明显规则、具有固定音高的声音。戏剧的唱腔、美妙的歌声、和谐的乐曲都是乐音，它们能让人感到欢乐甚至陶醉。噪声称为无调声。它是人们不需要或对人有干扰的声音，这些声音有的是无规则的，有的是谐和的，但都能对人引起生理的损伤，如烦躁、头疼、精神不集中等。高分贝的噪声甚至能损坏建筑物，比如巨大的爆破声就会震碎建筑物的玻璃。

噪声对人造成的影响

噪声分贝大小对人的影响	
10～20 分贝	很静，几乎感觉不到。
20～40 分贝	相当于人轻声说话
40～60 分贝	相当于人在室内谈话
60～70 分贝	相当于人大声说话，觉得较吵。
70～90 分贝	相当于马路上嘈杂的声响，长期在这种环境下学习和生活，会使人感到烦躁。
90～110 分贝	相当于电锯工作的声响，人会觉得很吵。
110 分贝以上	相当于飞机起飞时的声响，人会觉得耳痛，甚至会使人难以忍受。

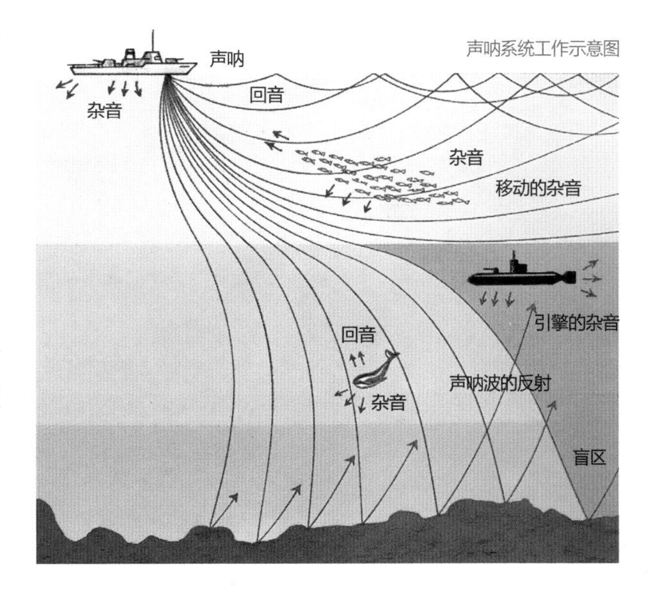

声呐系统工作示意图

光

如果没有光，人们就会像盲人一样，什么也看不见。我们通常说的光，其实是一种可以引起人的视觉反应的电磁波，叫可见光。不同波长的光，肉眼看起来会呈现不同的颜色，波长由长到短的光依次会呈现出红、橙、黄、绿、青、蓝、紫等颜色，因此人们看见的世界是五彩缤纷的。

光源

能够自行发光的物体被称为光源。光源可以是天然的，也可以是人造的。太阳、萤火虫等都是天然光源，而蜡烛、电灯等，则是人造光源。

对地球上的一切生物来说，最大的光源是太阳。月亮、镜子、玻璃等物体之所以发光，则是依靠反射其他物体发出的光线，所以它们不能被称为光源。

太阳、蜡烛等物体发光时，会产生热量，我们称这类光源为热光源。但有些物体发光时并不产生热量，如萤火虫、某些鱼类等，这些能发出冷光的物体被称为冷光源。居室里常用的日光灯，就是一种人造冷光源，它是利用电流在气体中放电而发光的。

光速和光年

光速是光在真空中的传播速度。很长一段时间里，人们一直认为光的传播是不需要时间的，直到1607年G. 伽利略做了一次测定光速的实验。如今，人们已经知道光速是299792458米/秒，大约也就是30万千米/秒。

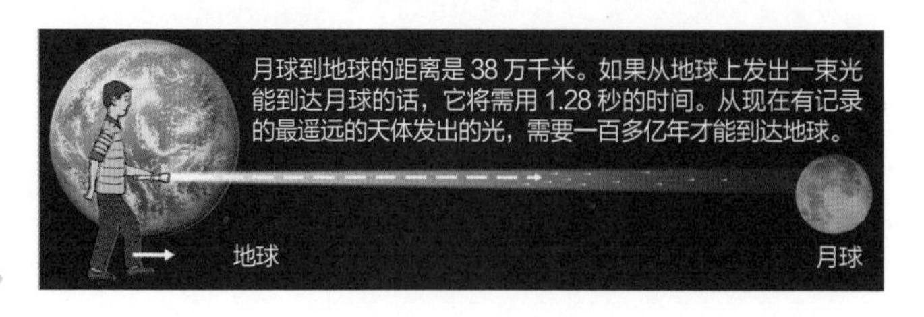

月球到地球的距离是38万千米。如果从地球上发出一束光能到达月球的话，它将需用1.28秒的时间。从现在有记录的最遥远的天体发出的光，需要一百多亿年才能到达地球。

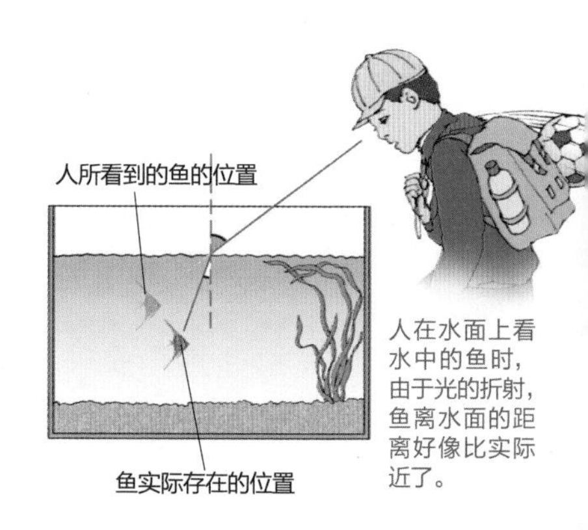

人在水面上看水中的鱼时，由于光的折射，鱼离水面的距离好像比实际近了。

虽然名字里带着“年”字，但光年却是一个长度单位。它一般被用于衡量天体间的距离，意思是光在真空中行走一年的距离。1光年约等于94605亿千米。

光的折射

将一根筷子倾斜插入装满水的玻璃杯里，你会发现筷子看上去不再是直的，而是好像被折断了一样，变成了错位了的两段。再把筷子从水中拿出来，你会发现筷子又变成直的了。这种神奇的现象，就是由光的折射所造成的。

光在同一种均匀介质里是沿直线传播的；而在不同的介质里，光的传播速度也不同。当光穿过第一种介质进入第二种介质时，就会由于传播介质的不同，而发生传播速度和传播方向上的改变，这种现象就是光的折射。

光的反射

当光照射到物体上时，有一部分光线会被物体的表面反射回去，这就是光的反射。人们之所以能看见世界上的各种物体和绚丽多彩的颜色，都是光的反射的功劳。因为不透明物体所表现出来的各种颜色，是由反射光的颜色所决定的。比如，物体反射绿光，在人眼看来它就呈绿色；物体反射红光，在人眼看来它就呈红色；物体若将光全部反射，在人眼看来就呈现白色；物体若是把光全部吸收，没有将光反射出去，则在人眼看来就呈现黑色。

由于不同介质表面的平滑程度不一样,因此也会出现不同的反射现象。如果介质的表面非常平滑，能使入射光线沿同一方向平行地反射出去，比如镜面、平静的水面等，这种反射就叫镜面反射；而如果介质的表面粗糙不平，射到上面的光线会沿不同的方向反射到四面八方，这种反射就叫漫反射。植物、墙壁、衣服等许多物体，其表面虽然看起来是平滑的，但用放大镜仔细观察，就会看到其表面实际上是凹凸不平的。所以它们也都会使照射到自身的光线发生漫反射。人眼之所以可以看见这些本身不发光的物体，靠的就是漫反射。

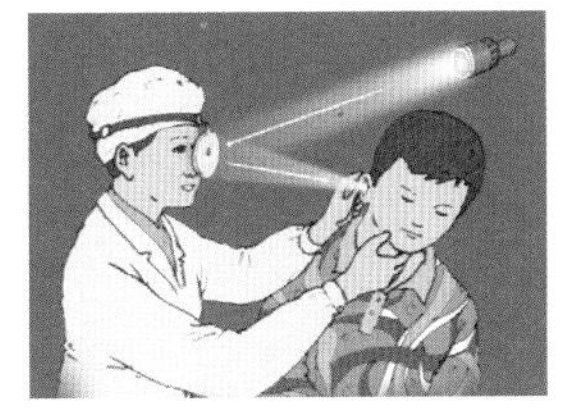

医生用头上戴的镜子将光反射到病人的耳朵里，就能清楚地观察到耳朵里边的情况了。

全反射

光从一种介质射向另一种介质时，反射现象和折射现象常常是同时发生的。但是，当光从光密介质（光速在其中较慢的介质）射入光疏介质（光速在其中较快的介质）时，如果入射角较大,光就会被全部反射回去，而没有产生折射光，这就产生了全反射现象。光纤就是根据全反射的原理而研制的。光纤的中心和外皮是两种不同的介质，当光在光纤中传导时，会在两种介质的交界处发生全反射，使光始终能被反射回光纤内，不会泄漏到光纤外，从而让光在光纤中传导时的损耗变得非常少。

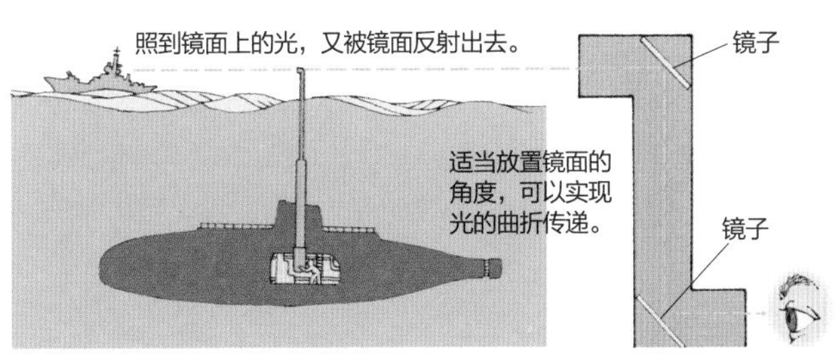

军事上会利用光的反射侦察敌情。海面上敌舰的活动情况进入侦察孔，通过观察通道内呈 45° 角放着的几面镜子，海下潜艇中的士兵就能知道海面上的情况。

海市蜃楼

海面、湖面、雪原、沙漠或戈壁等地方，偶尔会在空中或地表出现高大楼台、城郭、树木等幻景，这就是海市蜃楼，也叫蜃景。

海市蜃楼是一种由光线的显著折射和全反射而形成的自然现象。比如在沙漠里，因为沙层受到太阳炙烤，沙层表面的气温迅速升高。但由于空气的传热性能差，所以在无风时，沙漠上空的垂直气温差异非常显著，下热上冷,上层空气气温低,所以密度高，而下层的空气则因气温高，所以密度低。当太阳光从密度高的空气层进入密度低的空气层时，就仿佛进入了另一种介质，太阳光就会发生折射和全反射，将远处的绿洲、城市等景观呈现在沙漠中的空气里了。

穿越

彩虹为什么是弯的?

彩虹是阳光射入空中的小水滴，经过色散和反射之后形成的一种光学现象。阳光射入水滴时，会同时以不同角度入射，在水滴内也以不同的角度反射。其中，以 40° ～ 42.52° 角的光线的反射最为强烈，可以被人眼所看到。而以人的眼睛为顶点，把所有与平行入射光线成 40° ～ 42.52° 的彩色光束连起来，就形成一个圆锥体。因为圆锥形的底部是圆形的，所以完整的彩虹其实也是圆形的，只是因为我们站在地面上，视线受到地平线的阻挡，只能看到圆形彩虹的一段，也就是弯弯的一段彩虹了。如果在飞机上看，就有可能看见圆形的彩虹了。

沙漠中出现的海市蜃楼

平面镜

表面平整光亮，反射面是平面的镜子，就是平面镜。平静的水面、平整抛光的金属表面、人们使用的玻璃镜子等，都可以算是平面镜。光线经平面镜反射后形成的像，和物体实际的大小、形状是一模一样的，但左右方向相反。所以我们照镜子时，能看到镜子里有另一个自己。平面镜除了用来制作穿衣镜、牙医检查牙齿时放入口中的小镜子等物品外，还能用它控制光的传播路线的特点，制成潜艇用的潜望镜，这样潜艇在水下时也能看到水面上的情况。

哈哈镜

哈哈镜是一种特制的镜子，它的镜面是由凹凸不同的各种球面按不同方式组合的复合面镜。当人面对哈哈镜时，由于凹面镜和凸面镜对光线的会聚作用和发散作用，镜子里人的身体的有些部位被放大，有些部位被缩小，看上去奇形怪状，像一个怪物似的，惹人发笑，因此人们给这种镜子起了一个贴切的名字——哈哈镜。有哈哈镜的地方，人们总会有很多欢乐。

哈哈镜镜里镜外大不同

X 射线

X 射线对我们来说并不陌生，医院里检查心、肺等内脏器官时，就常用 X 射线进行透视。

X 射线是一种波长很短的能产生辐射的电磁波。W. K. 伦琴于 1895 年最早发现了它，因为起初不知道这种射线的本质，所以伦琴便用代表未知的“X”给它命名。由于发现者伦琴的缘故，X 射线有时也被称为伦琴射线。X 射线的穿透力很强，因此在医学上常被用来进行人体透视，帮助医生检查人体内的病变和骨骼情况。在工业上，X 射线也能用来进行零件探伤，检查金属部件有无砂眼、裂纹等缺陷。虽然 X 射线用处很大，但长期或过度接触 X 射线，人会出现头晕、乏力、造血功能障碍、器官恶性病变等不良症状。

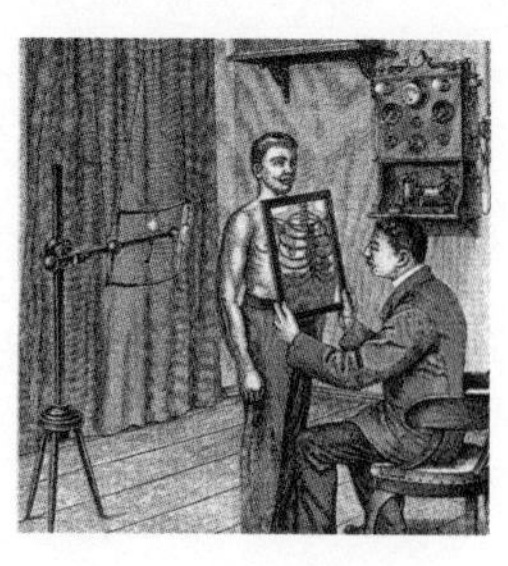

这幅 1903 年的绘画显示：一名医生正通过 X 射线帮病人检查身体。当时人们并不了解过度照射 X 射线的危害，因此病人与医生都暴露在大量 X 射线中。

无影灯

手术中，医生、护士的头、手和医疗器械等都可能在病人的手术部位投下阴影，影响手术的顺利进行，这时无影灯就派上大用场了。无影灯是一个圆形的大灯盘，上面有许多灯头，灯光能从不同角度照向手术台。无影灯其实并不是真的“无影”，而是能在很大程度上减淡本影。所谓本影，就是影子中部特别黑暗的部分，影子边缘不是特别黑的部分叫半影。想象一下，如果用一盏灯照东西，会有很大的本影，但这时如果有另一盏灯从另一个方向照过来，第一个灯形成本影的地方就会被照亮，影子就会淡些。如果有很多灯从不同方向照向中心部位，那么本影就会非常小，半影也会变得很淡，这就是无影灯能够“无影”的原理。

红外线

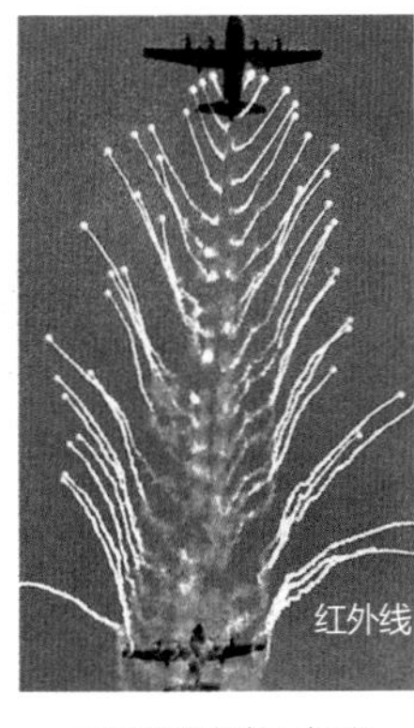

飞机投掷红外诱饵弹

红外线是波长介于可见红光与微波波段之间的电磁波。红外线是英国天文学家F. W. 赫歇耳在1800年发现的。人眼虽然不能看到红外线，但能用光学仪器检测到它。物体的温度升高时，虽然表面上看或许没有变化，但它辐射的红外线却会增强。温度高的物体摆在温度低的物体中时，温度高的物体也比温度低的物体辐射出的红外线更强。利用这个原理，人们发明了红外线夜视仪。因为夜间人或其他动物的体温比周围的草木、地面高，所以红外线夜视仪能轻松地通过检测到的辐射量发现目标。红外线还有可操纵性，我们家里用的电视机遥控器，很多就是利用红外线实现遥控的。

紫外线

紫外线是波长介于紫光和X射线长波段之间的电磁波。它是德国物理学家J. W. 里特于1801年发现的。自然界中，紫外线的光源主要是太阳。而地球大气层外的臭氧层则对紫外线有良好的吸收作用，能够保护地球上的生物免遭太阳辐射中紫外线的伤害。此外，普通的玻璃也能有效吸收紫外线。紫外线能使许多物质发出荧光。我们平时使用的荧光灯，就是利用荧光粉，将电管产生的紫外线转换成了可见光，从而实现了照明的作用。紫外线还有杀菌消毒作用，适量的紫外线能用来治疗皮肤病。但过强的紫外线会伤害人的眼睛和皮肤，电焊工之所以工作时必须穿工作服并使用防护面罩，就是因为电焊的弧光中有很强的紫外线。

紫外线摄影

紫外线摄影是利用紫外线进行的摄影。由于很多物质都能吸收、反射或透射紫外线，而且紫外线与可见光有明显的差异，所以紫外线摄影可以获得与普通的可见光照相完全不同的图像，并能展现更多的信息，区分出物质间的细微差别。比如，留在物体表面的指纹，用普通摄影方法拍摄，人就看不见；用紫外线摄影方法拍摄，人就能看得很清楚。紫外线摄影有重要的应用价值，常用于医学、考古学、细菌学的研究和刑侦等方面。

紫外线摄影

荧光效应

荧光是一种冷光源发出的光。某些物质在受到光线或高能粒子的照射时，会发出荧光，这就是荧光效应。能发出荧光的物质叫荧光物质，钨酸镁、硅酸锌等都是荧光物质。

紫外线能使许多物质发出荧光，产生显著的荧光效应。农业上诱杀害虫用的黑光灯，是利用紫外线实现荧光效应的。另外，钞票上也常涂有荧光物质，验钞机就是通过激发这些物质，引起荧光效应，使钞票上出现特定的图案，从而辨别真伪的。

钱币中的荧光

扫描隧道显微镜

扫描隧道显微镜是一种能够操纵原子的显微镜，简称 STM。它工作的基本原理是量子力学的隧道效应和三维扫描。

扫描隧道显微镜工作时，会先用一根极细的尖针（针尖头部为单个原子）去接近样品的表面。当针尖和样品表面的距离小于 1 纳米时，针尖头部的原子和样品表面原子的电子云就会发生重叠。此时，若在针尖和样品之间加上一个偏压，电子便会在针尖和样品之间形成纳安级（1 安等于 10^9 纳安）的隧道电流。通过控制针尖与样品表面的间距，并使针尖沿表面进行精确的三维移动，就可以将样品表面的形貌和电子态等有关信息记录下来了。

扫描隧道显微镜是 1982 年由瑞士物理学家 G. 宾尼希和 H. 罗雷尔发明的。它使世人第一次看到分子与原子的构造，从而揭开了物质结构的研究新领域。两位物理学家也由此获得 1986 年诺贝尔物理学奖。由于扫描隧道显微镜能看清非常小的物体，所以它主要用来描绘原子的结构图，从而在纳米尺度上研究物质的特性。人们利用扫描隧道显微镜，还可以实现对样品表面的加工，比如直接操纵原子或分子完成对样品表面的剥蚀、修饰等。

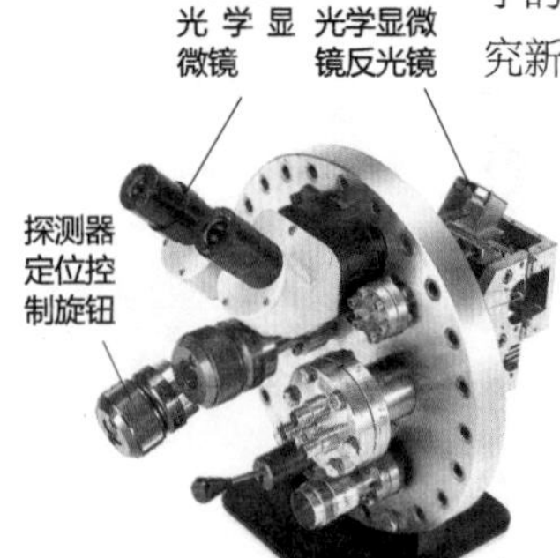

扫描隧道显微镜（局部）

望远镜

望远镜是通过光学成像原理使人能看清远处物体的工具。通过望远镜看见的物体，通常显得大而近。望远镜由物镜和目镜组成。通过这两块透镜，我们的眼睛能看到一个放大的物体图像；调整望远镜的焦距，还能使图像更清晰。1608 年，荷兰人 H. 利伯希发明了第一部望远镜。如今，望远镜已有了双筒望远镜、反射式望远镜、多镜面望远镜等许多种类。有了望远镜，在十几万人的体育场看球，不仅能看清楚球员的动作，连球员脸上细微的表情也能看得一清二楚。

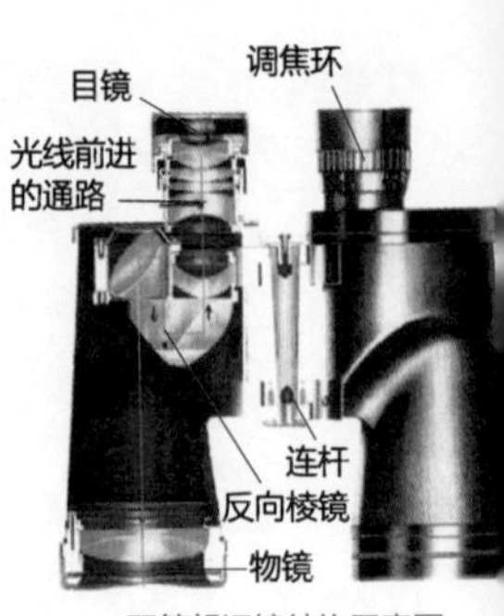

双筒望远镜结构示意图

天文望远镜

天文望远镜是用于天文观测的望远镜。它在天文学研究中起着重要的作用。可以说，没有天文望远镜的诞生和发展，就没有现代天文学。

世界上第一架天文望远镜是意大利天文学家 G. 伽利略在 1609 年发明的。1611 年，德国天文学家 J. 开普勒用两片双面凸透镜分别作为物镜和目镜，使天文望远镜的放大倍数有了明显的提高。此后，人们便将这类天文望远镜称为开普勒天文望远镜。1668 年，I. 牛顿发明了反射式望远镜。他把一面很大的凹面镜作为物镜，将天体射来的光线汇聚到凹面镜的焦点，由一面小平面镜反射成实像后，再经旁边的目镜放大，从而使人看见遥远的太空。如今的天文望远镜功能更加强大，有的还有照相装置，能把美丽的星空拍摄下来。

牛顿用凹面镜和平面镜取代透镜，制成了反射式望远镜。按照这种设计原理制造的望远镜，今天仍有应用。

电影放映机

电影放映机是将影片上的影像投射到银幕上，并播放与图像同步的声音的电影放映设备。电影放映机把拍好的电影胶片投射到银幕上，就成了我们平时在电影院里看到的电影。

电影放映机进行放映时，会同时进行两项工作：一是让电影胶片以每秒24幅的速度一格一格地快速经过镜头，同时用强光照向画面，从而将画面放大并投映到银幕上。由于画面的迅速变换和人眼的视觉暂留作用，观众便会获得动态的视觉感受；二是将电影的声音信息与胶片上的画片同步播放出来。两样工作同步进行，便能给观众带来一场视听盛宴。

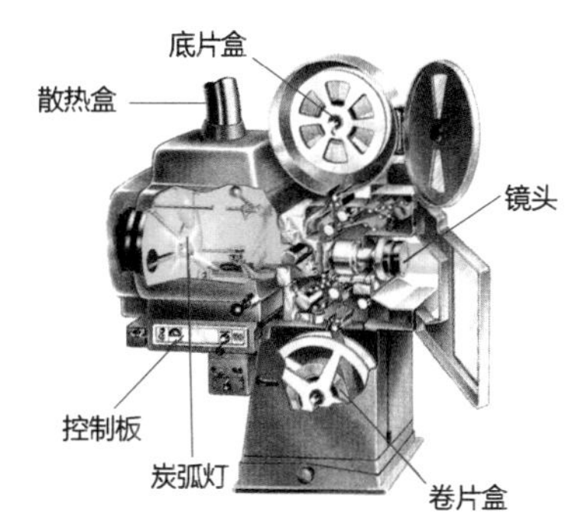

电影放映机工作时，电流通过炭弧灯发出强烈的白光，足够将胶片上的影像投射到大屏幕上。

电影胶片

电影胶片是电影工作者用摄像机拍摄制作出来的许多幅有画面的透明胶片。它主要由片基和感光乳剂组成。将感光乳剂涂在透明柔韧的片基上，就能制成电影胶片。电影胶片上有许多小格，每个小格都是一幅像照片一样的画面。比较胶片上两幅相邻的画面，几乎看不出它们的差别。这是因为拍摄中摄像机自动将1秒内的变化分别记录在了24幅画面上，所以相邻画面的差别很小。电影胶片不仅记录着画面，也记录着与画面同期的声音所转换成的光信号，可以在播放时把光信号转换回声音，然后播放出来。根据画面尺寸的不同，电影胶片有8毫米、16毫米和36毫米等规格。

数码照相机

数码照相机又叫数码相机、数字相机，是一种利用电子传感器，把光学影像转换成电子数据的照相机。它的种类非常多，既包括厚度不到1厘米的“卡片相机”，也有可以与专业单反胶卷照相机功能相媲美的单反数码照相机。

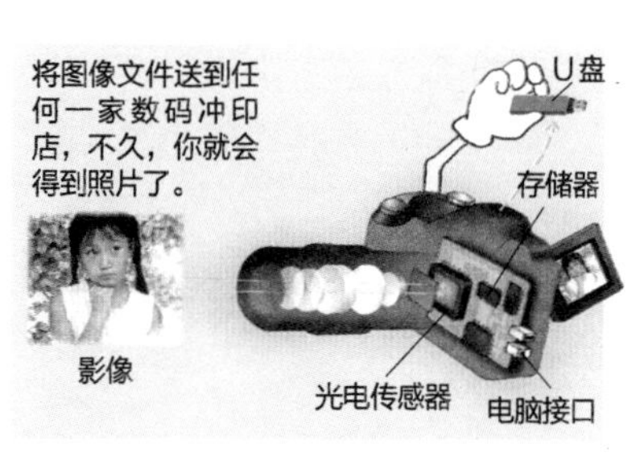

数码照相机的内部结构

数码照相机的影像形成技术与传统照相机的相同。它仍具有镜头和机身，也必须先把景物的光学影像拍摄下来。不过，它不用胶卷来记录图像，而是把拍摄下来的图像转换成数字格式，记录在储存器上。拍摄过图像之后，将储存器和电脑连接起来，就可以在电脑上看到拍摄的图像，还可以用打印机打印出图像。

全息摄影

全息摄影又叫全息投影，是一种将激光技术用于拍摄过程，能在底片上记录下物体的全部光信息的摄影技术。全息摄影所拍出的影像是立体的，有纵深感。

普通的摄影方式能记录物体的反光强度，但不能记录物体反射光的位相信息，因此照片没有立体感。全息摄影则能将激光分为两束，一束直接射向感光片，另一束经被摄物的反射后再射向感光片。两束光在感光片上叠加后，物体的反光强度和位相信息就都被记录下来，如此一来，拍出的照片就能呈现立体效果了。

用全息摄影技术拍摄出的照片富有纵深感和立体感

色彩

色彩是不同波长的光进入视觉器官后产生的一种视觉效应。人类能够看到的色彩有 100 多种，包括红、橙、黄、绿、蓝、紫，以及相邻两色之间的中间色。尽管大千世界充满了各种各样的绚丽色彩，人类生活的方方面面都有色彩的陪伴，但直到 I. 牛顿通过制作七色板，证明了太阳光的组成部分之后，人类对色彩所进行的科学研究才迈入了崭新的纪元。

物体的颜色

当光照射到物体表面时，一部分光会被物体反射，另一部分光则会被物体吸收。如果物体是透明的，还会有一部分光透过了物体。正是由于不同的物体反射、吸收和透过不同颜色的光的情况不同，因此物体呈现出不同的色彩。

不透明物体的颜色，是由它反射的色光决定的。例如，树叶中的叶绿素吸收了阳光中的红色光和蓝色光，而把绿色光反射了出来，因此人们看到的树叶就是绿色的。同样，红玫瑰的花瓣只反射红光，而把其他颜色的光都吸收了，所以看上去是红色的。至于黑色的物体，是因为它把所有的色光都吸收了，没有反射任何色光，所以看上去是黑色的。白色的物体则是反射了所有的色光，所以看上去就是所有颜色的复合色——白色。

与不透明的物体不同，透明物体的颜色，是由它透过的色光所决定的。比如，白光照到红色玻璃上时，红色玻璃只能透过红光，因此看上去是红色的。当白光照到蓝色玻璃上时，蓝色玻璃只能透过蓝光，因此玻璃看上去是蓝色的。许多玻璃窗看上去之所以是透明的，就是因为窗上的玻璃能透过所有的色光，所以看上去就是透明的。

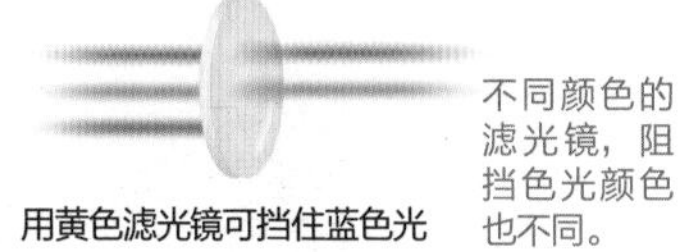
用黄色滤光镜可挡住蓝色光

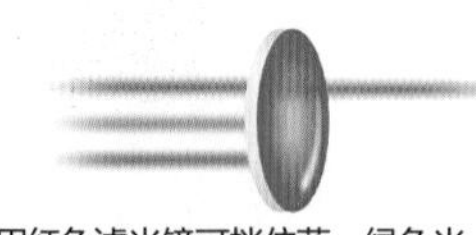
用红色滤光镜可挡住蓝、绿色光

不同颜色的滤光镜，阻挡色光颜色也不同。

三基色

科学家发现，人的眼睛看到的各种颜色可以用三种基本的色光组合得到。这三种基本的色光就是红色、绿色和蓝色。人们把这三种颜色称为光的三基色。

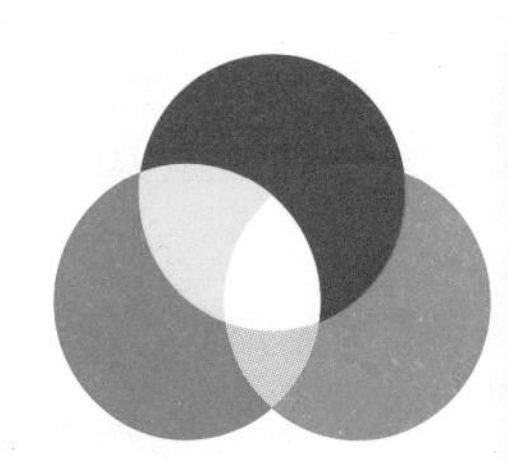
红、绿、蓝三种基色的光混合在一起，会得到白光。

将三基色按照不同的比例加以混合，就可以得到更多不同的色彩。比如，把红色和绿色混合，就能得到黄色；把绿色和蓝色混合，就能得到青色，把红色和蓝色混合，就能得到紫色；而红、绿、蓝三种色光混在一起，就是白色。三基色的原理在实际生活中有很多应用，彩色电视机、个人计算机屏幕上丰富的色彩，都是用三基色的光混合而成的。

一次色

美术工作者画画所用的颜料中，只有红、黄、蓝是不能再分解或不能由其他颜料调和的颜色。因此，在美术上，将红、黄、蓝称为一次色，也叫颜料的三原色。颜料的三原色与光的三基色是有所区别的。

绘画时，可以将一次色的三种颜料进行混合调配，从而形成各种不同的新颜色。比如，把黄色颜料和蓝色颜料调配在一起，就能配出绿色的颜料；把红色颜料和黄色颜料调配在一起，就能配出橙色颜料。彩色印刷时，也是将一次色的三种颜料按各种比例进行调配，从而印出各种绚丽的颜色的。

色散

手持一只三棱镜在阳光下缓缓转动到某一位置，可以看到太阳光变成了红、橙、黄、绿、青、蓝、紫各色光组成的彩色光带，就像一道小小的彩虹一样。这种现象，就是色散。

光的色散是光和物质相互作用的结果，可以利用棱镜或光栅等仪器来实现。能够发生色散的光叫复色光，不能发生色散的光叫单色光。红、橙、黄、绿、青、蓝、紫这七种在空气中平行传播的单色光，混合在一起就成了白色的复色光——阳光。当阳光从空气中进入玻璃中时，会发生折射，改变原来的路径。由于每种单色光的折射率不同，所以当它们从三棱镜的另一个面出来时，就不平行了。这样各种单色光就被明显地区分开来，分别照在不同的位置上，形成一条彩色的色带，也就是出现了色散现象。

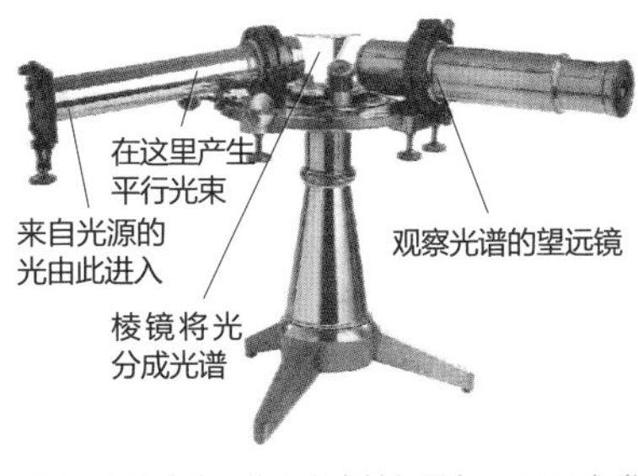

德国化学家本生和物理学家基尔霍夫于 1959 年发明的分光镜，用它可以拍摄和测量光谱。

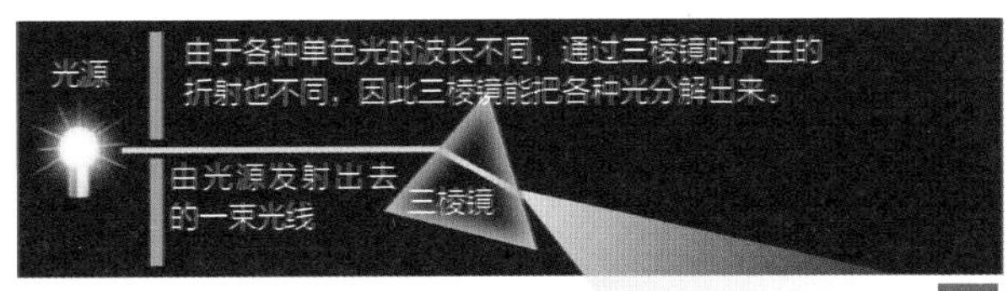

色散与光谱

灯光色散后分解出七种颜色的单色光，构成了一个光谱。

红
橙
黄
绿
青
蓝
紫

光谱

复色光经过棱镜、光栅等光学仪器而产生色散现象后，因为色散而分开的单色光会按各自的波长而依次排列，由此形成的七彩色带就叫光学频谱，也就是光谱。

光谱有许多类型。其中，人的视觉可以感受的光谱叫可见光谱。此外，还有红外光谱、紫外光谱等光谱。由于每种元素所能形成的光谱都是不同的，所以可根据光谱来鉴别和确定物质的化学成分。

彩虹的形成

彩虹是大气中最美丽的光学现象之一，它实际上是小雨滴反射的太阳光。

夏天雷阵雨过后，远方的天空中还会有一些小雨滴在下降。当阳光照射到这些小雨滴上时，进入小雨滴内表面的阳光就会产生色散现象，分解成七个颜色的单色光，然后被反射出来。由于这七种单色光中，红色光的折射程度最小，紫色光的折射程度最大，其他颜色光的折射程度介于红色光和紫色光之间，所以，小雨滴最先反射出红色光，橙、黄、绿、青、蓝、紫这六个颜色的光则会因为折射程度逐渐变大，而依次排列在红光下面——彩虹便由此形成了。当天空中的雨滴全部掉光后，彩虹也会随之消失。

穿越

油膜为啥是彩色的?

雨过天晴，在积水的柏油马路上，如果有残留的机油油滴，这些油滴在水上形成油膜，在阳光下油膜会呈现出美丽的颜色。油怎么会变成彩色的呢？这就与光的干涉现象有关了。

两列光波相遇时，会发生干涉。当阳光照在油膜上时，一部分会被油膜表面反射，另一部分则进入油膜内部，被油膜下面的水面反射。当油膜的正面和背面所形成的反射光相遇时，就会产生干涉现象。有的光线会彼此增强，有的光线则会互相抵消。增强或抵消的程度取决于光波的波长和薄膜的厚度。由于水面上各处的油膜厚度不同，阳光中不同波长的单色光有的被加强，有的却会减弱，甚至相互抵消。这样，油膜上有些地方就显得红一些，有些地方显得蓝一些，所以呈现出了瑰丽的色彩。

热

人们很早就开始研究物体冷热变化的规律，后来通过实验，人们终于认识到，热是物体内部分子运动的结果，分子运动得越激烈，物体就会越热。物体内部的分子进行运动时，会产生热量的传递，继而就会表现为物体冷热的变化。

内能

内能是指物体内所有分子具有的分子动能和分子势能的总和，常用符号U表示，国际单位是焦耳（J）。

物体的内能与物体的质量、温度等因素有关。同一物体，温度越高，分子运动得越激烈，分子的动能越大，物体的内能就越大。或者说，当物体的温度升高时，它的内能就会增加。物体的内能还与物体的物态有关，质量相同、温度相同的同种物质，处于气态时的内能就比处于液态时的内能多。比如，1克100℃的水蒸气，就比1克100℃的水的内能多。要想改变物体的内能，有两种物理途径，即做功和热传递。

比热容

单位质量的某种物质，温度升高或降低1℃时所吸收或放出的热量，叫这种物质的比热容，简称比热，用符号c表示。

不同物质的比热容有所不同。通常来说，金属的比热容较小，水的比热容较大。而正是由于海水的比热容比陆地泥土的比热容大，海洋才对沿海地区的气温起到了调节作用。因为，夏天海水在升温过程中，会由于比热容较大而吸收大量热量，于是使得沿海地区夏天的温度比同纬度的内陆地区低许多；而到了冬天，由于比热容大，海水温度降低时，放出的热量也很多，由于这些热量的存在，所以沿海地区冬天时也会比内陆地区温暖。

热传递

把一杯热水放在桌子上，过一会儿，水就变凉了一些，而杯子下的桌面却变热了。这种热量从温度高的物体转移到温度低的物体的现象，就叫热传递。热传递有三种方式：热传导、热对流和热辐射。热传递在生活中非常普遍，热传递的三种方式也常常同时存在。

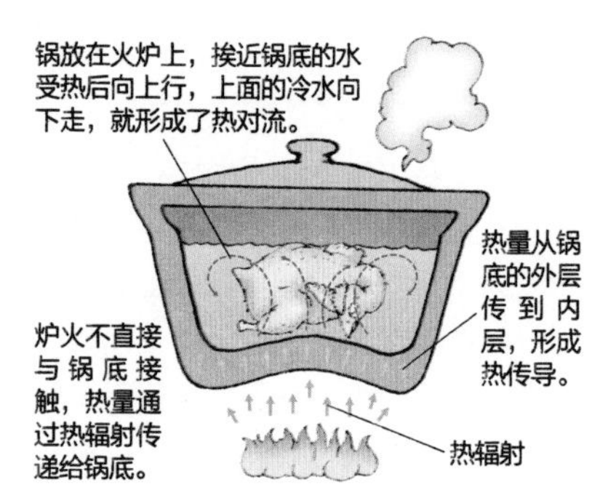

煲汤过程中的三种热传递形式

热绝缘

热绝缘与散热相反，它是尽量不让物体本身的热量传递出去的一种状态。人们通常用热的不良导体来进行热绝缘。相对金属来说，空气就不易传热，人们冬天穿棉衣、羽绒服能保

暖水瓶的内胆是两层玻璃壳制成的，两层壳之间抽成真空，就形成了热绝缘，热不易传递出去，所以暖水瓶能保温。

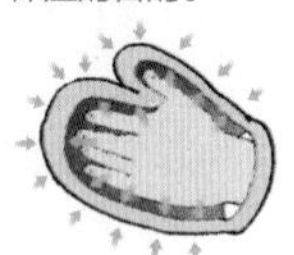

冬天我们戴上棉手套，外面的冷空气就进不来，手上辐射的热量也散不出去，这样就达到了保温的目的。

穿越

玻璃不是晶体？

普通玻璃是晶体吗？答案也许会让你感到非常意外。

物理学上所说的晶体是有特定概念的，玻璃看上去亮晶晶的，但它并没有处于结晶的状态。如果将玻璃放在火中加热，随温度逐渐升高，玻璃首先会变软，然后会渐渐熔化。这说明，玻璃没有一个固定的熔点，而真正的晶体是有固定的熔点的。此外，玻璃的另外一些物理性质与液态物体更为相似。所以，玻璃其实是一种极黏稠的液体，它没有处于结晶态，不是晶体。许多老建筑的玻璃窗上部薄，下部厚，也证明了玻璃是“非晶态固体”的本质。除了普通玻璃外，“非晶态固体”还很多，比如石蜡、松香、沥青等。

暖，除棉絮、羽绒不易传热外，其间充满了空气，也限制了大量的热传导。暖水瓶的内胆是两层玻璃壳制成的，两层壳之间抽成真空，这也形成了热绝缘，所以暖水瓶能保温。

热胀冷缩

物体受热时发生膨胀，变冷时又会收缩，这种现象就叫热胀冷缩。

生产、生活中的许多方面，都需要考虑到热胀冷缩现象。比如夏季时，不能给自行车的车胎打过足的气，以免在阳光照射下车胎内空气升温而膨胀，导致车胎爆裂；修建铁路时，在钢轨之间的连接处留出一段小空隙，以免到了炎热的夏季，钢轨升温发生膨胀时，会把整条铁轨顶弯曲，给行车带去危险；电工夏季架设电线时，也会特意让电线杆之间的电线下垂一些，因为如果把电线绷得太紧，冬天时电线就可能由于受冷缩短而断裂。热胀冷缩的原理也被广泛应用在了日常生活中。例如，乒乓球踩瘪了，放进开水里烫一下，球内的空气受热膨胀，乒乓球就会重新鼓起来；开罐头时，如果罐头盖太紧，可以把罐头盖放在热水里浸一会儿，等罐头盖受热膨胀后，就能轻松地拧开了。

铁路是由一段段钢轨组成的，在钢轨之间的连接处都要留出一段小小的空隙，这是为钢轨发生热胀冷缩预留的空隙。如果不留空，到了夏季，钢轨发生热膨胀时会产生非常大的力，进而弯曲变形，造成事故。

人们铺设铁道、架设桥梁时，都会把热胀冷缩的情况考虑进去。

反常膨胀

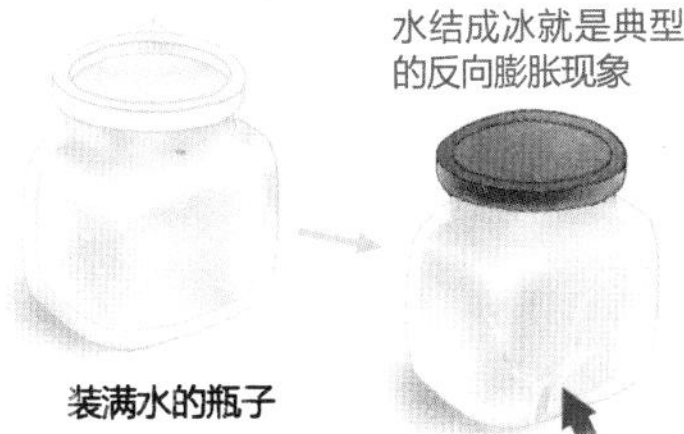

水结成冰就是典型的反向膨胀现象

水结冰后膨胀，将瓶子胀破了。

大多数物质都是热胀冷缩的，但也有例外，因为有些物质会出现反常膨胀。比如，在北方寒冷的冬天，如果把室外的水缸灌满水，水缸很可能被水所结成的厚厚的冰胀破。这说明，水结冰时体积不但没有收缩，反而膨胀了。这就是水的反常膨胀现象。物理学家发现，水在4℃以上时会和一般物体一样热胀冷缩，但水在0℃～4℃间时却会产生相反的“热缩冷胀”现象。除了水，有些金属也有“热缩冷胀”的反常膨胀特性，如锑、铋、液态铁等。

散热

散热是尽量把物体带的热量传递出去。人们通常用热的良导体（主要是金属）来进行散热。片状的散热片能增加热导体与空气的接触面积，从而可以获得更好的散热效果。

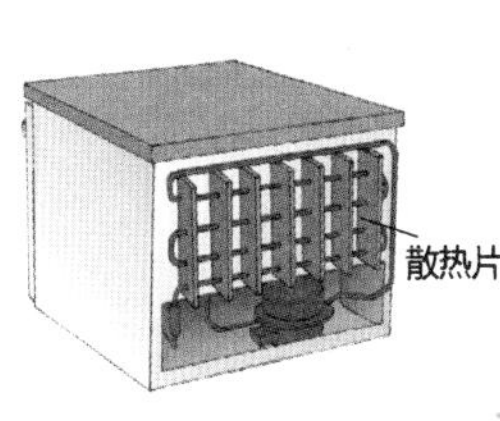

电冰箱背面有一排排金属片，这是它的散热装置。

采暖系统

采暖系统是为了维持室内所需要的温度，向室内供给热量的设备。从前屋子大多靠火炉采暖。火炉里的煤燃烧产生热量，热量经过炉壁传递给周围的空气，空气受热产生对流，房间的温度就提高了。此外，炉火也可以通过热辐射使房间里的空气升温。如今，室内的采暖系统主要有电暖系统和水暖系统两种。电采暖系统通过将电能转化为热能来为室内取暖；水暖系统则是让热水在加热管、暖气片内循环流动，通过热辐射的方式向室内供热。

火炉主要通过热对流和热辐射的方式向室内传递热量

热对流
热辐射
热对流

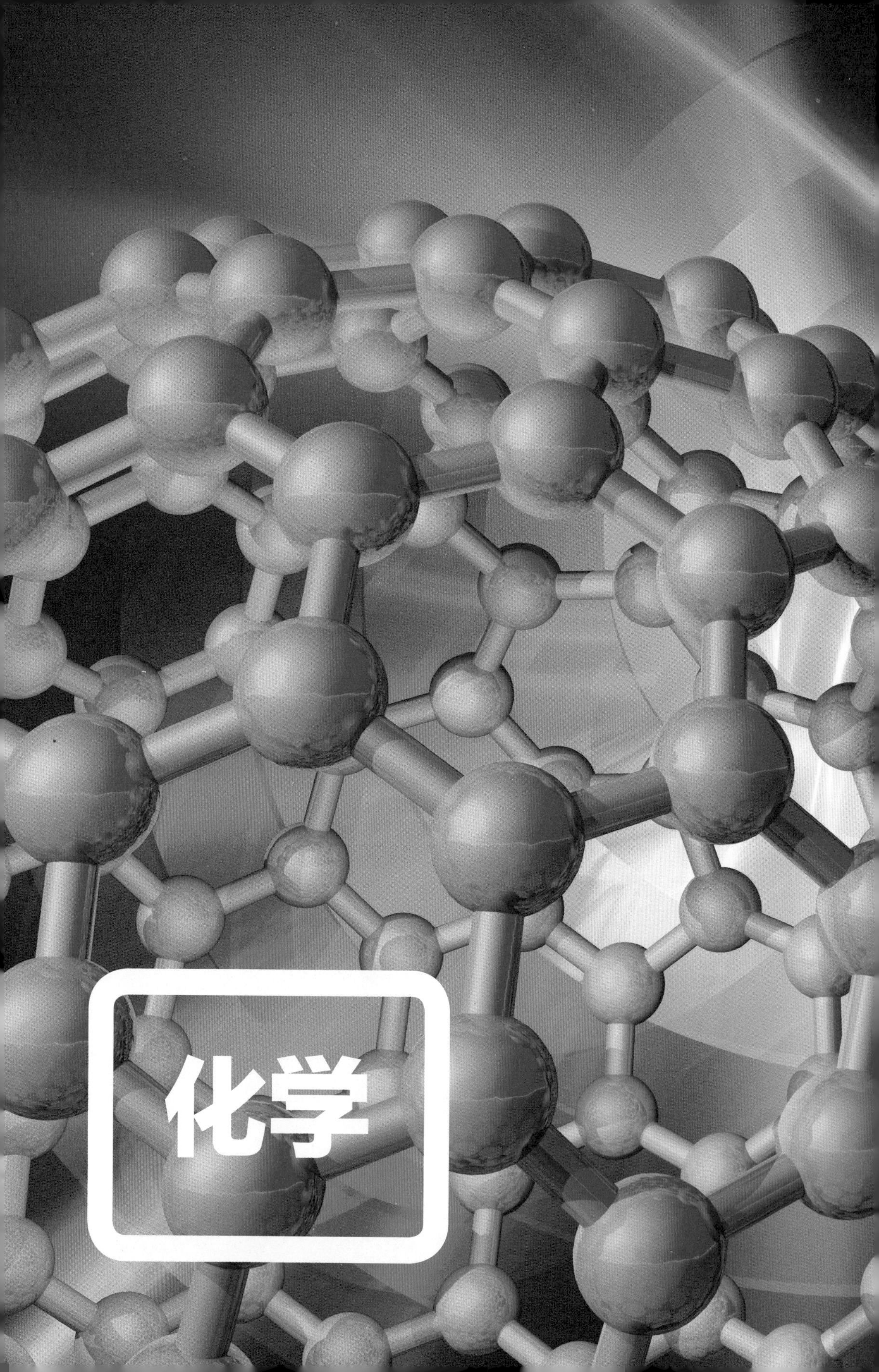
化学

数理化加油站

元素、原子、分子

世界是由物质组成的，那么物质是由什么组成的呢？科学家们给了我们答案：物质是由不同的化学元素构成的。体现这些元素的最小微粒叫原子。原子又构成了不同的分子，分子能表现出各种物质的特性。为了研究元素的原子和分子是怎么组成物质的，科学家们通过实验建立起了一门学科，这就是化学。

元素

1661 年，英国化学家 R. 玻意耳经过反复的实验，第一次为元素下了科学的定义。他认为：元素就是用一般化学方法不能再分解为更简单实体的一些物质。此后，科学家们对物质不断进行研究，从自然界中逐渐发现了组成物质的不同元素，并对这些元素进行了命名。目前，已有 110 多种元素被发现，这些元素有气态、液态和固态的，有的元素还带有放射性。

元素名称

确定了一个化学元素，就要给它一个名称。化学元素的中文名称，都用一个字表示，如氧、碳等。它们的外文名称是拉丁文，而且往往有一定的含义。例如，为了纪念化学家 A. B. 诺贝尔，人们把 102 号元素命名为“锘”；“镭”表示放射性；“碘”则表示紫色。

分子

自然界中的各种物质都有自己的化学特性，能够表现这些特性的最小微粒，就是分子。分子是由相同或不同的化学元素原子通过共用的电子连接在一起组成的，比如氧分子 O_2 是由两个相同的氧原子组成的，水分子 H_2O 是由两个氢原子和一个氧原子组成的。原子和分子不同，原子不一定能保持物质的化学性质。

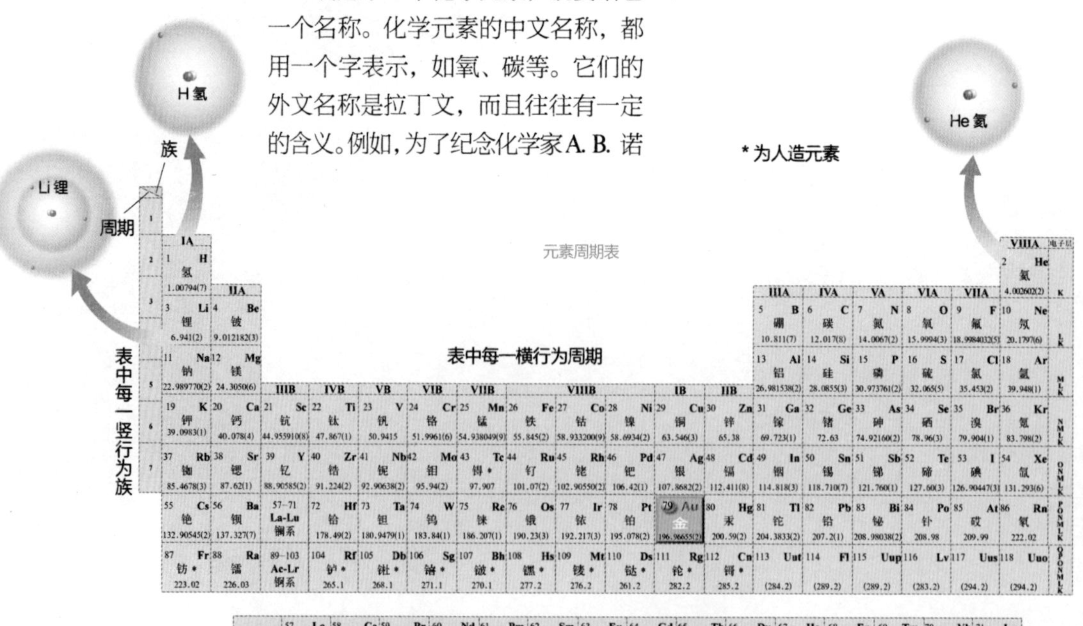

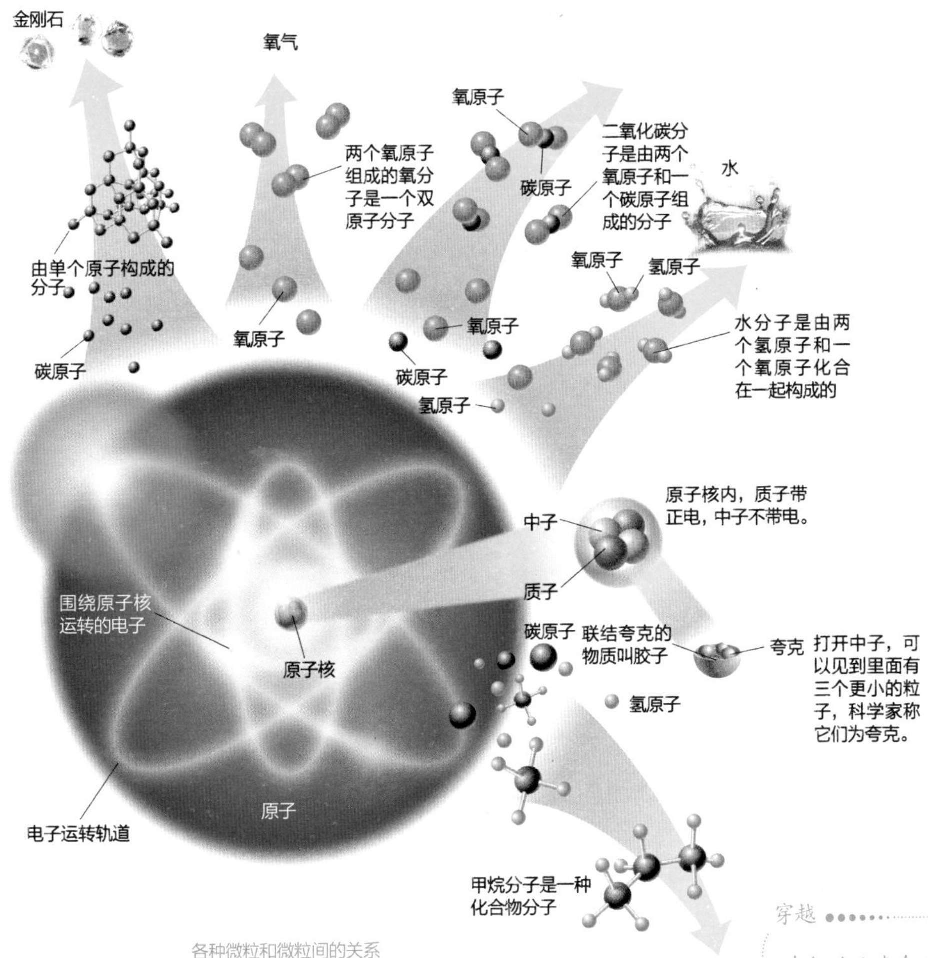

各种微粒和微粒间的关系

原子

原子是组成分子和凝聚态物质的基本单位。原子虽然在发生化学变化时是不可分割的微粒，但并不是说它绝对不可分割。实际上，原子的内部还有一个丰富的世界，只不过原子发生变化后，它就不是原来的那种元素了，而是会变成一种新的元素。

化合物

完全由同一种分子组成的物质，叫纯净物。纯净物又分为单质和化合物。单质是由同一种元素组成的，比如氧气；而化合物是由不同种元素组成的，例如二氧化碳、氯化钠、水等。化合物可由几种元素的分子经过化学变化生成，例如碳元素与氧元素化合在一起能生成二氧化碳。化合物可以分为有机化合物和无机化合物两大类。有机化合物都含碳元素，无机化合物的种类比有机化合物少得多。

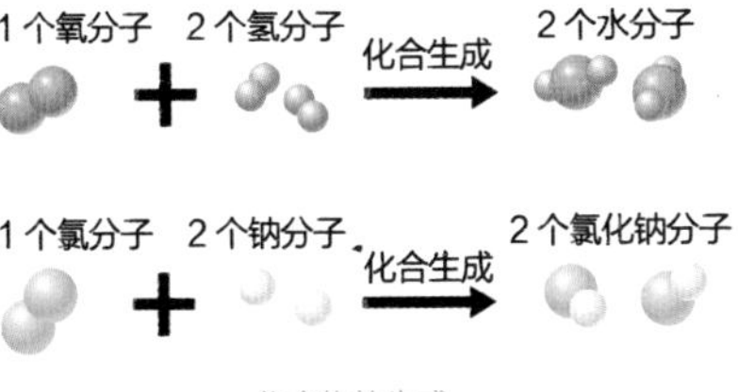

化合物的生成

穿越

有趣的元素命名

元素周期表里各种元素的名称，有着各种各样的有趣来源。比如，铀（U）、镎（Np）、钚（Pu）的名字来自天王星（Uranus）、海王星（Neptune）、冥王星（Plutonium）；锔（Cm）是为了纪念居里夫人，钔（Md）是为了纪念门捷列夫；镅（Am）的发现者是美国人，因此以美国（America）的英文名称前两个字母命名，铕（Eu）则是欧洲（Europe）的意思，因为它是在欧洲被发现的。

物质

我们生活的世界，是一个由物质组成的世界。很多物质都是我们能触摸到或感觉到的，比如岩石、尘土、水、课本、铅笔、衣服等；也有一些物质是我们看不见、摸不着，也感觉不到的，比如空气。物质存在的形式是多种多样的，但气态、固态、液态是物质的主要表现形态。

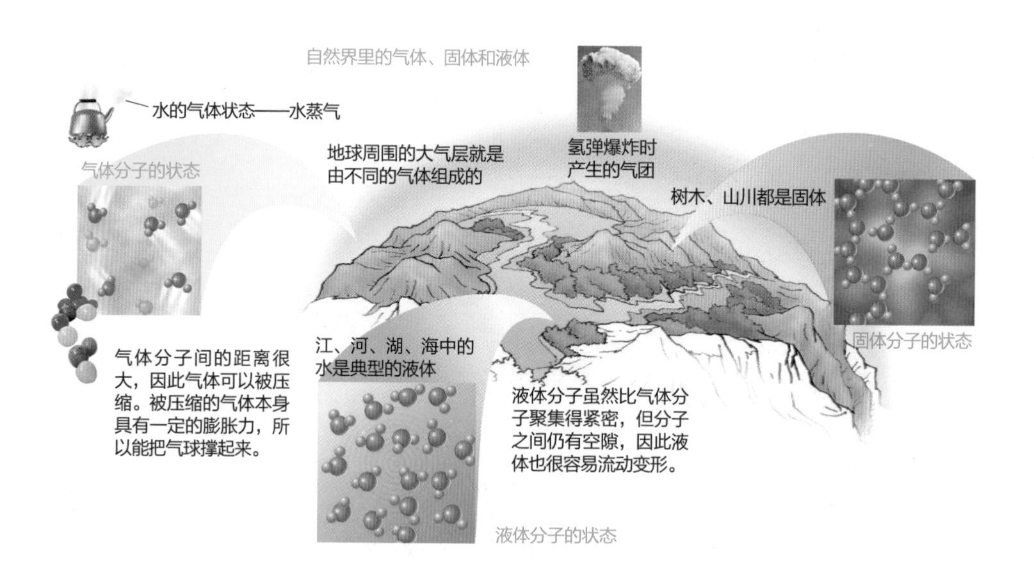

液体

我们喝水时可以注意到，水的形状是随杯子形状的变化而变化的，这是因为水是液体。液体没有特定的形状，却有固定的体积、重量。液体分子比气体分子聚集得紧密，分子间的吸引力比气体大。

气体

气体没有特定形状，没有固定体积，气体放到哪儿，哪个空间就被填满，这是因为气体的分子移动得很快，使气体能像液体一样流动、变形。往自行车的轮胎中打气，轮胎会膨胀，这说明气体还能产生压力。气体分子之间的距离很大，所以就算气体装满了整个容器，容器的空间内仍有很大空隙，还可以装入其他东西。

各种建筑物都是固体

固体

固体不能流动，总保持着固有的形状，而且有一定的硬度、体积和重量。在固体中，分子或原子是按一定方式紧密地排在一起的，分子间的吸引力远比气体或液体中分子间的引力大。因此，固体自己不会改变形状，要想让它变形，必须向它施加很大的外力。

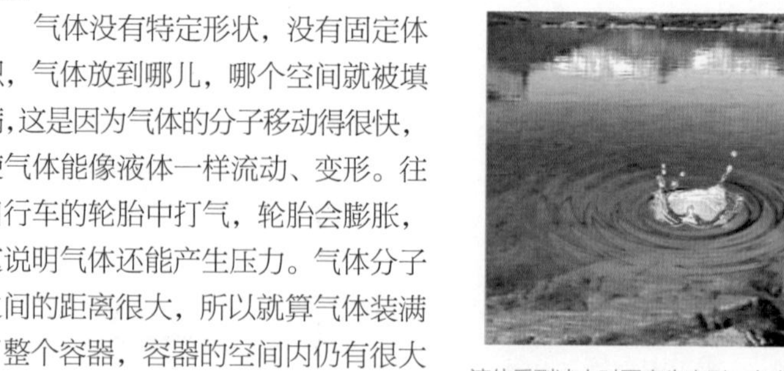
液体受到冲击时要产生变形。向水面上投一块石头，会溅起水花，同时形成水波纹。

等离子体

等离子体主要由带正电的离子和带负电的电子组成，其中也可能还有一些中性的原子和分子。它不同于固体、液体和气体，通常被称为物质的第四种状态。闪电、极光就是地球上天然等离子体的辐射现象。电弧、日光灯中发光的电离气体等，则都是人造等离子体。高温等离子体的温度可达到上亿摄氏度，因此能为核聚变反应提供热能。

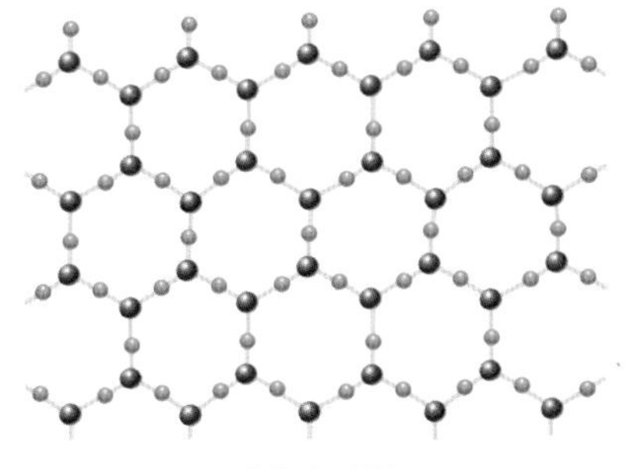
晶体的分子结构

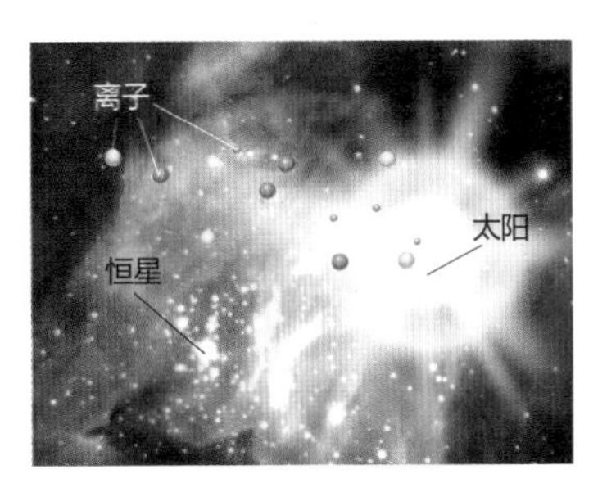

宇宙太空中的等离子体

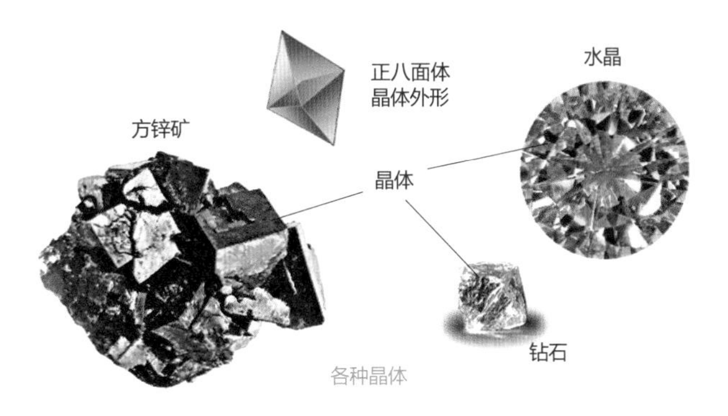

各种晶体

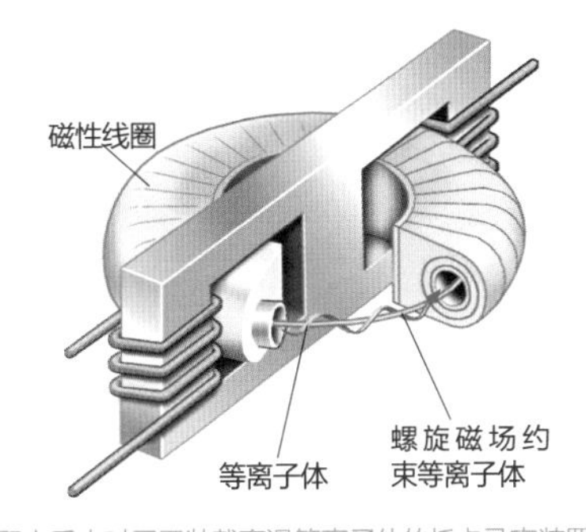

核聚变反应时用于装载高温等离子体的托卡马克装置

非晶体

自然界中有好多物体，它们不像金属和冰那样，在固定的温度下会化成液体，而是会随着温度增加，逐渐地由硬变软，最后完全变成液体。例如，巧克力牛奶糖、塑料、玻璃、橡胶、石蜡，就是这样的物体。这种没有固定熔点，但却呈现为固态的物体，叫非晶体。

非晶体加热后，一般都比较容易变形，所以用玻璃和塑料可以制造出各种形状的工艺品。

晶体

如果你用放大镜观察某些矿物，会发现它们是由大大小小、形状不同的有规则的立体块构成的。这就是固体中的一大类别——晶体。晶体中的原子按一定的顺序和方式排列，最后形成了各种规则的外形。比如，盐的晶体外形是立方体；方解石的外形是双锥八面体；水晶是六方晶体。

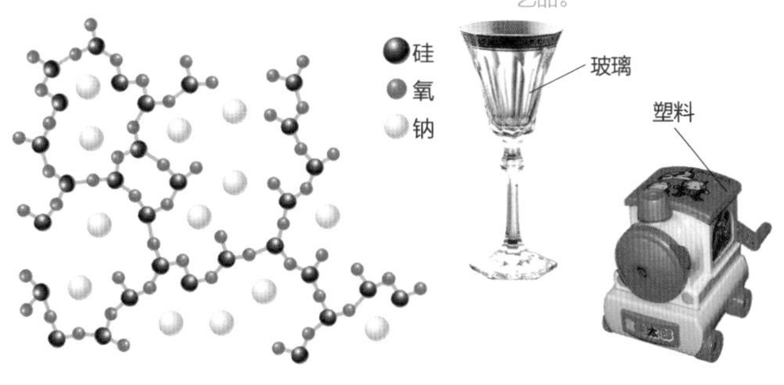

非晶体的分子结构

空气

空气是无色无味的气体混合物。在古代，人们不知道空气是一种物质，也不知道它有重量和压力。18 世纪以后，为了弄清空气是不是一种物质，科学家们做了很多实验，终于知道空气是由氧气、氮气、二氧化碳、惰性气体等组成的。

氧气的发现

1774 年，英国牧师 J. 普里斯特利在实验中发现，用凸透镜聚焦太阳光照射氧化汞，氧化汞便会分解并放出一种气体。他把这种气体收集到玻璃钟罩内，将一只老鼠放进去，结果老鼠在里面活得很舒服。他还发现蜡烛在这种气体中燃烧得更明亮。这两个实验说明，这种气体能够帮助呼吸和燃烧。差不多与普里斯特利同时，瑞典化学家 C. W. 舍勒也制备出了氧气，并描述了氧气帮助呼吸和燃烧的性质。因此，他们二人被公认为氧气的发现者。

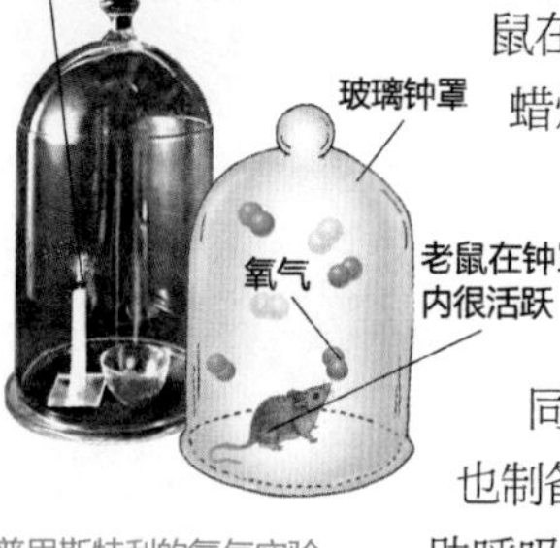

普里斯特利的氧气实验

一吹即燃的蜡烛

一般的蜡烛，对着它吹一口气，烛火往往会被吹灭。然而，却有一种魔术师专用的蜡烛，对着它吹一口气，它反而会被点燃，这其中的玄机在哪里呢？原来，这种蜡烛的烛芯中滴进了一些溶有白磷的二硫化碳溶液。因为二硫化碳液体极易挥发，魔术师吹口长气，二硫化碳液体便迅速挥发。这时，其中燃点极低的白磷就会与空气中的氧气接触，自行燃烧起来，蜡烛于是就被点燃了。

给氧气命名

在普里斯特利和舍勒之后，法国化学家 A. -L. 拉瓦锡也将氧化汞放在曲颈瓶中加热，并采用排水集气法，将产生的氧气收集在玻璃钟罩内，证明了氧气能帮助呼吸和燃烧的结论。拉瓦锡在此基础上提出：空气中含有一种能够维持动物生命和帮助物体燃烧的气体，并正式把这种气体命名为“氧气”。

臭氧

臭氧是氧气的同素异形体。氧气是由两个氧原子形成的单质，臭氧则是由三个氧原子形成的单质。在常温下，臭氧是一种有特殊的刺激性气味的天蓝色气体，吸入过量的臭氧，对人体健康有一定危害。液态的臭氧呈暗蓝色，固态的臭氧则呈蓝黑色。臭氧是一种比氧更强的氧化剂，有消毒和杀菌的功能，因此它常常被用来作为强效的漂白剂，其作用比过氧化氢、氯、二氧化硫都快；臭氧也能用来消毒水，消毒后，臭氧会变成氧气，不会产生用氯消毒后残留的那种气味。

臭氧在靠近地面的大气中很少，它主要存在于高空的臭氧层中。臭氧层能吸收太阳辐射的大部分紫外线，使人类和其他生物免受紫外线的伤害。

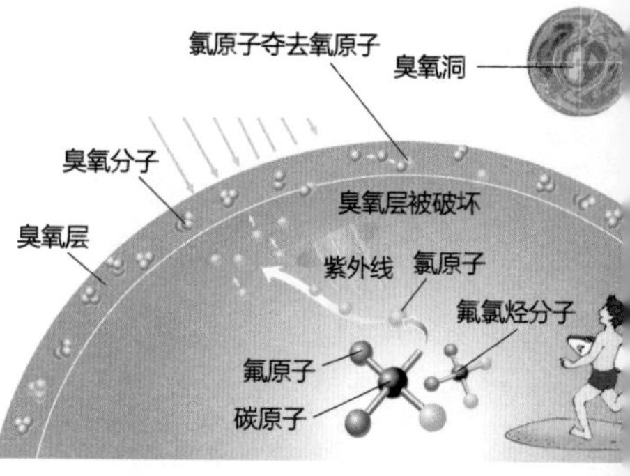

卫星拍摄的南极臭氧洞

氮气的发现

1772 年，苏格兰医生、化学家 D. 卢瑟福做了一个实验。他在一个充有空气的密闭的玻璃钟罩内放上白磷，并使白磷燃烧。他发现，白磷燃烧完以后，钟罩内的老鼠也死了。这说明玻璃钟罩内剩余的气体不能维持老鼠的呼吸。卢瑟福把剩余的气体称为“浊气”。实际上，构成这种“浊气”的主要成分，就是氮气。

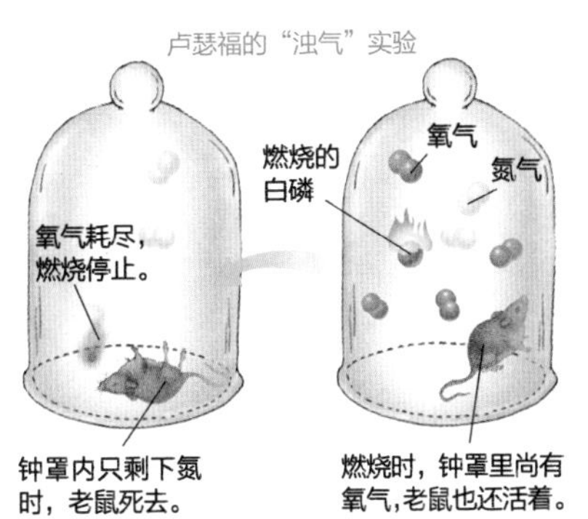

卢瑟福的“浊气”实验

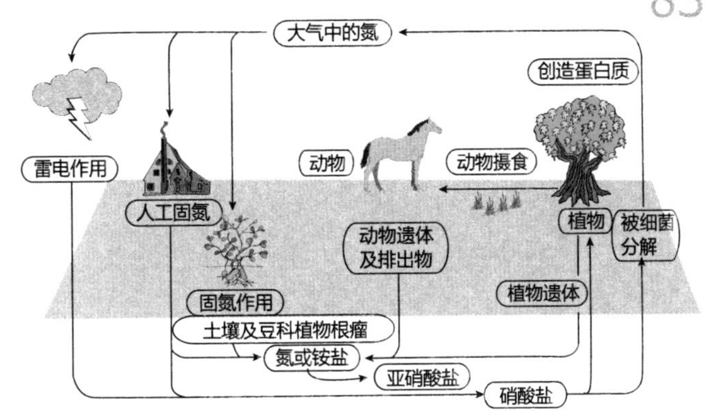

氮气循环

氮的固定

空气中虽含有大量的氮，但多数生物不能直接吸收氮气，只能吸收含氮的化合物。因此，要把空气中的氮气转变成氮的化合物，氮才能作为动植物的养料。这种将游离态的氮转变为化合态的氮的方法，叫氮的固定。自然界固定氮的主要途径有两种。其一为闪电：闪电以巨大的能量，把大气中的氮分子解离，解离后的氮元素与氧分子发生反应，产生氮的氧化物，这些氧化物溶于雨水，进而渗入土壤，被植物吸收；其二是生物固氮：大豆、蚕豆等豆科植物的根部有根瘤菌，根瘤菌能把空气中的氮气变成含氮化合物，从而实现氮的固定。人类如今已经能大量生产根瘤菌，并将之应用于农业，取得了一定的增产效果。

惰性气体

惰性气体是19世纪末到20世纪初才被发现的，主要发现者是W. 拉姆齐。拉姆齐通过各种方法，依次除去了空气中的二氧化碳、氧气、氮气、水蒸气等，最后剩下了极少量的气体。这些气体中包括氦、氖、氩、氪、氙和氡六种化学元素。因为它们一般不具有化学活性，在空气中的含量也很少，所以被称为惰性气体，也叫稀有气体。惰性气体在光学、冶金和医学等领域有广泛的用途，比如氦氖激光器能用于国防，氩能辅助冶金，氙灯能放出紫外线等。

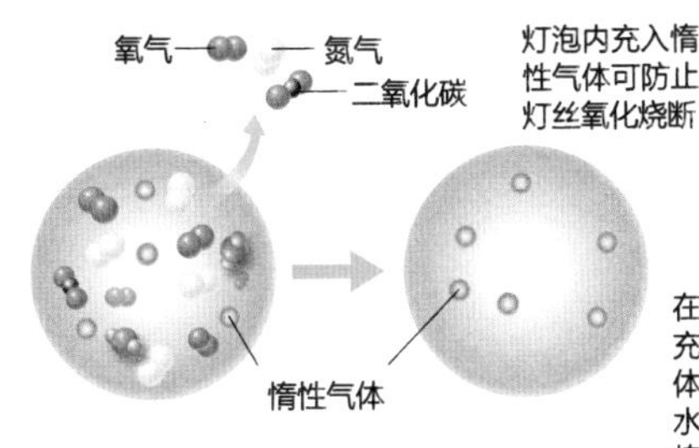

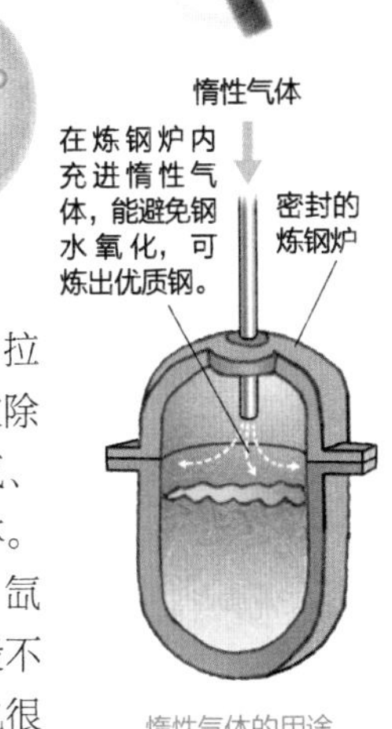

惰性气体的用途

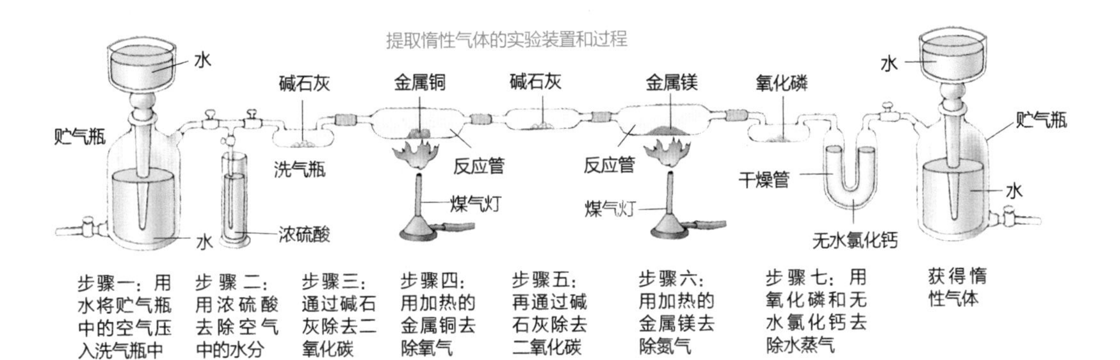

提取惰性气体的实验装置和过程

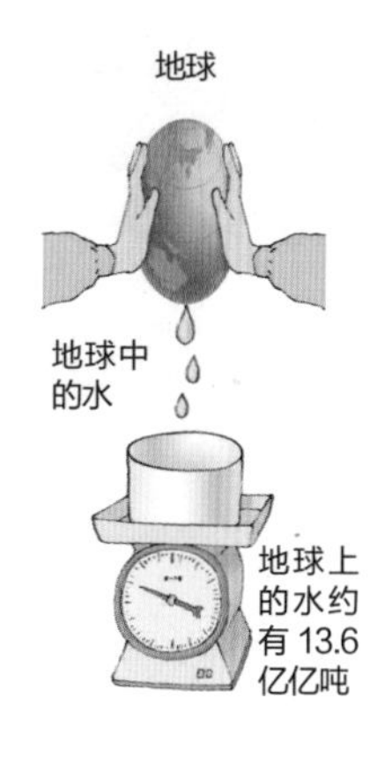

水

世界上一切生物的生命过程，一刻也离不开水。水占据人体总质量的70%，是组成人的机体的主要成分。人体内为维持生命而进行的各种化学反应，都有水的参与。在生长着的植物体内，水也占总质量的70%以上。尤其是蔬菜和水果，它们所含的水分就更多了。

水的三态

像自然界中其他物质一样，水也有三种状态。固体的水称为冰，它只存在于0℃以下的环境中，温度一旦超过0℃，冰便会融化成液态水，因此冰的熔点是0℃。液态的水可以自由流动，是水最常见的一种形态。在1个大气压下，当温度达到水的沸点——100℃时，液态的水便沸腾而变成气态的水蒸气。

蒸馏水

将自来水装在蒸馏烧瓶中加热，水沸腾后会变为水蒸气进入冷凝器中，在冷凝器中通过冷水的冷却后，水蒸气又会冷凝为液体，然后滴入接收容器中，便汇聚成了蒸馏水。原来存在于自来水中的杂质离子，在加热时不会挥发，仍会留在蒸馏烧瓶中，因此蒸馏水中不含有这些杂质离子，是一种很纯净的水。科研单位、医院和厂矿实验室等，都常用到蒸馏水。

硬水和软水

地下水中含有二氧化碳和氧气，当地下水流经石灰石（碳酸钙）和白

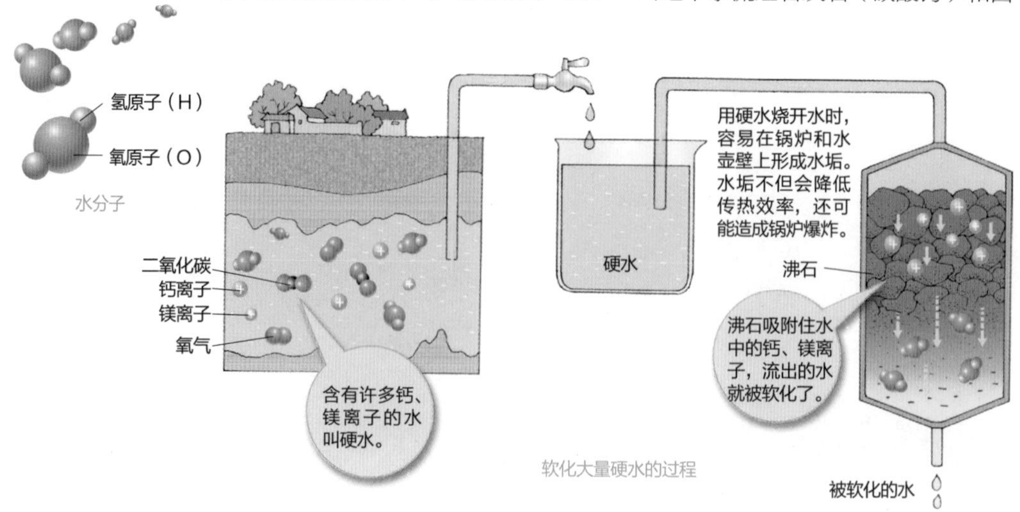

软化大量硬水的过程

云石（碳酸镁）时，二氧化碳、氧气就会和这些石头里的元素结合，使水中有了较多的钙离子和镁离子，这种水就叫硬水。硬水会给生活带来不少麻烦，比如在水壶等容器上结水垢，让肥皂和清洁剂的洗涤效率减低等。与硬水对应，软水是不含或仅含少量钙、镁等物质的天然水或软化水，软水不会在水壶、锅炉等容器里生成水垢，也不会降低肥皂和清洁剂的去污能力。硬水被煮沸后，通常就成了软水，但也有一些硬水不能通过煮沸而变成软水，这种硬水叫永久硬水。

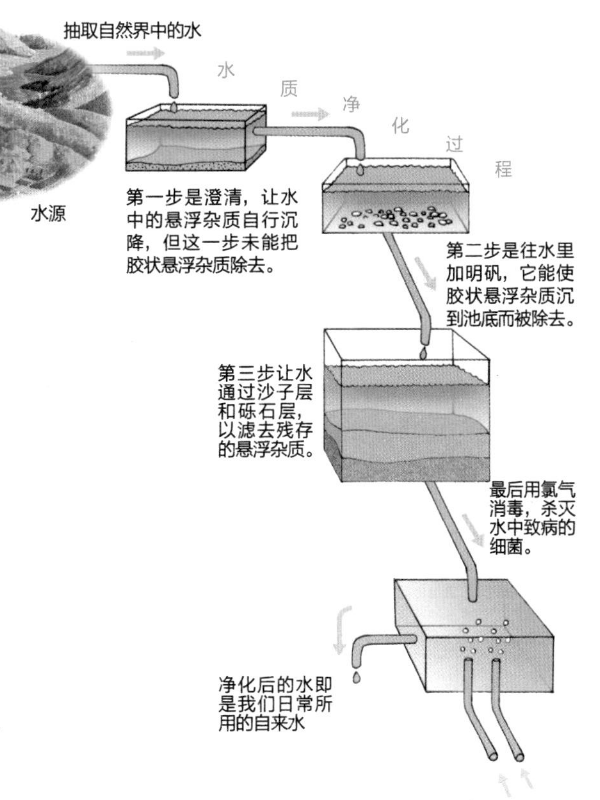

水的净化

自然界中裸露的水源里，都含有固体悬浮杂质和能使人生病的细菌，不适合直接作为生活用水和生产用水，因此必须加以净化，也就是从原水中去除污染物。

在某些农村，人们会用明矾来净化水。明矾是一种无色晶体，易溶于水。明矾溶于水后，会生成一种胶状物。这种胶状物能吸附水中的杂质并沉淀于水底，从而使容器上层的水变得洁净。在城镇地区，人们的生产生活用水则大多是自来水厂净化处理的。自来水厂会使用漂白粉、活性炭等物质作为过滤剂，通过加絮凝剂、沉淀、过滤、吸附、消毒等步骤，对水进行净化。

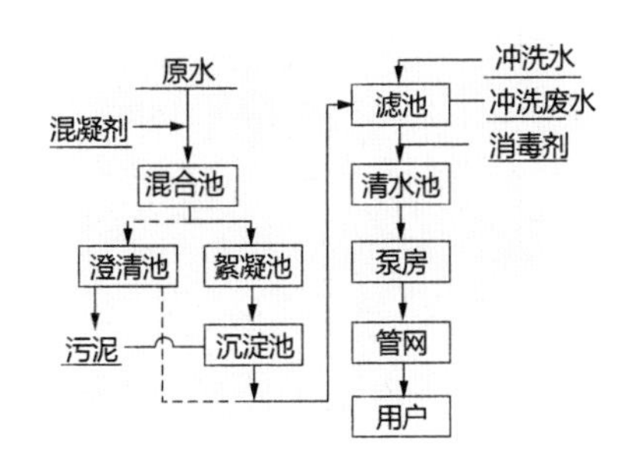

自来水厂净化水的典型流程

重水

重水是由氘和氧组成的水，分子式为 D_2O。因为它的密度比普通水要大不少，因此叫重水。重水对生物体有害，浓度达 60% 的重水可以致生物体于死命。重水的主要用途是在核反应堆中当慢化剂和冷却剂。重水分解产生的氘还是重要的热核燃料。

普通水和重水的对比

	密度（25℃）（克/立方厘米）	熔点（℃）	沸点（℃）
普通水	0.99701	0.00	100.00
重水	1.1044	3.81	101.42

穿越

助燃的水

俗话说“水火不相容”，水是最常用的灭火剂，但它也能助燃吗？答案是肯定的。在煤炉上烧水、做饭的时候，如果有少量水溢出，洒在通红的煤炭上，煤炭不仅没有被水扑灭，反而“呼”的一声，蹿起老高的火苗——这就是火被水助燃而导致的现象。为什么会发生这种现象呢？原来，当少量的水遇到赤热的煤炭时，会发生化学反应，生成一氧化碳和氢气。一氧化碳和氢气都是可燃性气体，它们随之会被旺盛的炉火点燃，于是就使原有的火燃烧得更旺了。

非金属

非金属元素是元素中的一大类，包括氢、氧、氮、碳、硅、硫等。它们虽然不像金属元素种类那么多，但却占地球上所有元素总质量的76%。可以说，没有非金属元素，就没有地球上的生命体。

碳原子的正四面体构型

碳

碳是一种在自然界中分布得很广的非金属，元素符号是C。一提起碳，人们常会联想到乌黑的煤和木炭。其实，碳的形式是多种多样的。晶莹透明、光彩夺目的金刚石，高级的润滑材料石墨，强度很高却比头发还要细的碳纤维等，都是碳元素家族中的成员。

金刚石

金刚石是宝石之王。它晶莹透明、光彩夺目，但却与乌黑的木炭一样，是由碳元素的原子构成的。在金刚石的晶体结构中，每一个碳原子都被另外四个碳原子包围，这些碳原子以很强的结合力连接在一起，形成了金刚石晶体。因此，金刚石非常硬，是已知物质中硬度最高的一种，能用来切割玻璃。

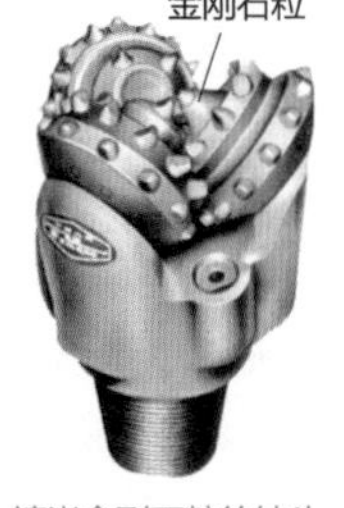

镶嵌金刚石粒的钻头

光彩夺目的宝石——金刚石

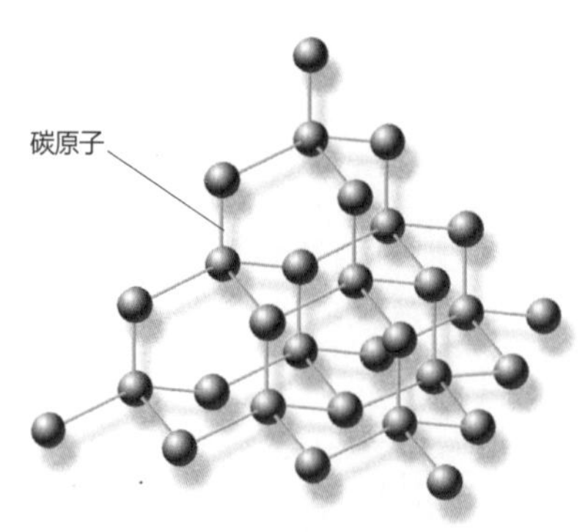

金刚石的碳原子排列

穿越

碳纤维

纤维状的碳称为碳纤维。常见的碳纤维，是将合成纤维加热到2000℃～2800℃以后制成的。碳纤维的直径非常小，只有4～200微米，但长度却可以达到25厘米。别看这样的纤维又细又长，却十分结实。据测试，碳纤维的强度可以达到同样尺寸钢丝的8倍。用碳纤维和塑料制成的复合材料，可用来制造强度很高、并且耐用的钓鱼竿和网球拍。

木炭

木炭是一种多孔状固体，它是由木材或坚硬果壳等在隔绝空气的高温条件下干馏制得的。一般来说，具有疏松多孔结构的物质具有较强的吸附能力，木炭也是如此。将它投放到滴有红墨水的水中，充分振荡后，红色会变浅或消失，正是木炭吸附了红墨水的缘故。

正在燃烧的木炭

焦炭

焦炭是一种银灰色、坚硬、多孔的固体，含碳96%以上，主要用作冶炼金属的还原剂，还能用作无烟燃料，或是与水蒸气反应制造水煤气，进而合成氨，制造化肥等。

焦炭

活性炭

将木材或果壳制成木炭后，再在400℃的温度下缓慢通入水蒸气，将吸附在炭表面的油脂和其他有机物质除去。这时，炭的表面及内部便有了大量纵横交错的毛细孔，其表面积也增大了许多，变成了活性炭。1克活性炭的表面积可达1000平方米，具备吸附大量气体分子的能力。防毒面具就是用活性炭来吸附毒气的。此外，活性炭也能用来做冰箱除臭剂、净水剂。

石墨

石墨是黑色的块状物质，在它的晶体结构中，碳原子排列形成一种层状结构，层与层之间的结合力较弱，可以自由地滑动。这一性质，使得石墨可以当优质的润滑剂，也可以制作铅笔芯。

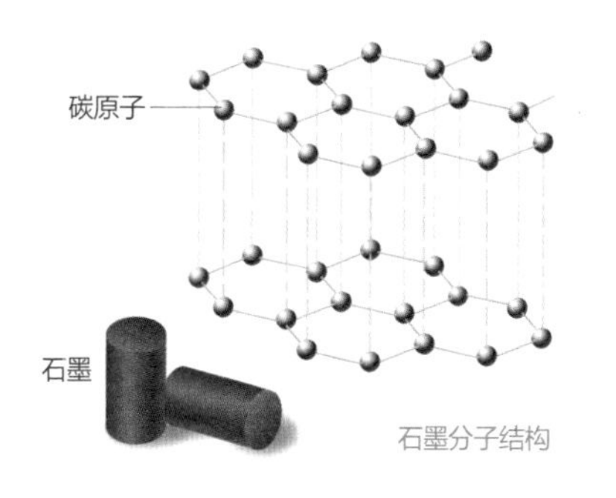

石墨分子结构

一氧化碳

一氧化碳的化学式为CO，它通常是无色、无臭、无刺激性的气体，极难溶于水。煤炉产生的煤气或液化气管道输送的液化气中都含有大量一氧化碳。一旦这些气体泄漏，被人体大量吸入，进入人体的一氧化碳，便会和血液中的血红蛋白结合，产生碳氧血红蛋白，使血红蛋白不能正常地与氧气结合，从而导致人体缺氧，甚至会引起窒息死亡的可怕后果。所以使用煤气、煤炉时，需要注意开窗通风。

二氧化碳

二氧化碳的化学式为CO_2。它通常是一种无色的气体，能溶于水，不能助燃。固态的二氧化碳叫干冰，干冰蒸发时吸收大量热量，有制冷、降温的用途。

虽然二氧化碳无毒，但一旦空气中它的含量过量，仍会导致人窒息，甚至死亡。二氧化碳与水反应会生成碳酸，可用于制碳酸饮料。二氧化碳被认为是加剧温室效应的“元凶”之一。

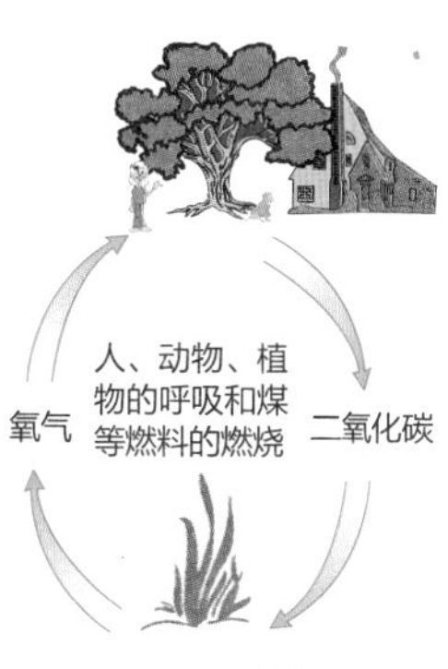

绿色植物的光合作用

硅

硅的元素符号是Si。硅约占地壳总重量的25.7%，石英、水晶、高岭土、石棉、土壤、黏土和砂子里都含有硅。在自然界中，硅都是以含氧化合物的形式存在的。人们通过各种方法，从含硅的物质中提取出超纯单质硅，用来作为半导体材料。电子计算机中的集成电路芯片，就是用硅制造的。

制作陶器的黏土，主要成分便是硅。

磷

磷的元素符号为P，有白磷、红磷、黑磷三种同素异形体。磷是人体不可缺少的重要元素。人的骨骼和牙齿的主要成分就是羟基卤磷酸钙。生物体中的脱氧核糖核酸、三磷酸腺苷等也均含有磷元素。磷有很多用途，能用来制造火柴、燃烧弹等，其中最主要的用途是生产各种化肥。有些洗衣粉中也含有磷，含磷的洗衣污水会使水生植物疯狂生长，给其他水生生物的生存造成威胁，因此使用无磷洗衣剂日益得到提倡。

氮和磷都是植物必需的营养元素

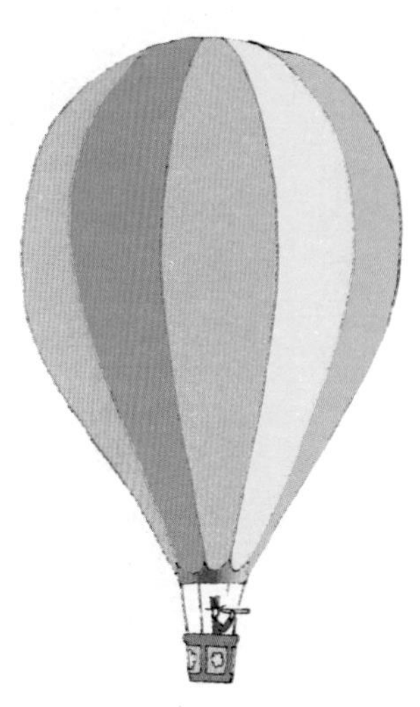

氢气比空气轻，充满氢气的气球，在大气中会自动向天上飞去。

氢

氢的元素符号是H。它是最轻的元素，也是宇宙中最丰富的元素。太阳的巨大能量就来源于太阳体内氢的核聚变。通常状态下，氢是一种无色、无味的气体。在19世纪，人们用氢气来填充气球和飞艇。今天，氢气的主要用途是作为能源。氢气燃烧以后生成水，不会对环境造成污染。未来，氢将是一种大有发展前途的无污染燃料。

硫

硫的元素符号是S。它是一种黄色的非金属元素，又叫硫黄。硫在国民经济中具有重要的地位，每年都有大量的硫用于制造硫酸，也有很多硫用于化肥、农药、燃料、颜料、医药、洗涤剂、冶金、化学纤维、香料、石油精炼工业中。但硫燃烧会生成二氧化硫，二氧化硫在空气中与水和氧结合成硫酸后，容易形成酸雨，对环境有一定的危害。

硒

硒的元素符号是Se。它是人和动物生存必需的微量元素，硒不足会导致一些疾病。例如，以心功能不全为主要症状的克山病就是因为缺硒造成的。硒还是抗癌和防癌元素，它能破坏人体内的致癌物质。

穿越

碳14测年法

碳14是碳的同位素。生物体死亡后，其体内碳14的量会因衰变不断减少，而且它的衰变极有规律，堪称自然界的“标准时钟”，因此可以利用这个规律推算生物体死亡的年代，这就是碳14测年法。它是由W.F.利比开发出的，利比因此也获得了1960年的诺贝尔化学奖。烟灰、油脂、化石等，都可以提取出碳14，进而确定这些物质的历史年代，因此碳14测年法被广泛地用于考古。此外，它也可以用于化学反应机理、碳原子定位、同位素交换，以及生理、病理和药理等的研究。

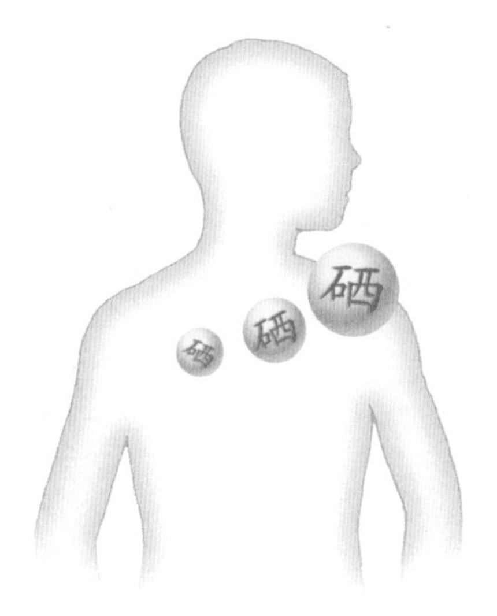

硒是人体不能缺少的重要元素

碘

碘的元素符号是I。常温下，单质碘是紫黑色、有金属光泽的固体，有毒性和腐蚀性，遇淀粉会变成蓝紫色。碘可以用于制造药物、染料、碘酒、试纸等。它也是人体必需的微量元素之一，缺碘会使少年儿童智力低下，因此人们往往在盐中加入碘，制成“加碘盐”，以保证人体摄入足够的碘。

食用加碘盐能防治智力低下、发育不良等碘缺乏症

金属

金属是由金属元素组成的单质和合金。常温下，除了汞（液体）以外的金属都是固体。金属通常有光泽，大多数具有延展性，能拉成细丝或被碾压成薄片，常常是电和热的优良导体。

铁

铁的元素符号为 Fe。在地壳中，铁的含量约为 5%，在金属中仅次于铝。地核则主要由铁组成，所以在整个地球中，铁是最多的元素。

纯铁是银白色的金属。在干燥空气中，铁很难与氧产生作用；但在潮湿空气中，铁很容易被腐蚀；若是碰到酸性气体，铁会被腐蚀得更快。铁具有延展性，可拉成丝、压成片，因此很早就被人们所利用。人类最早发现和使用的铁，是落到地球上的天体碎片——陨铁。约公元前 1500 年，埃及和美索不达米亚开始有了炼铁业，中国在商代时也已熟悉了铁的锻造性能。

铜

铜的元素符号为 Cu。它是一种呈微红色，有明亮光泽的金属。铜有良好的延展性、导电性和导热性，因此被广泛用于制造电线、电缆等设备。铜也参与人体内蛋白酶的合成，是人体正常新陈代谢所不可缺少的一种重要元素。由于铜在自然界分布极广，而且能以天然状态存在，所以铜是人类最早认识的几种金属之一。古埃及人约在公元前 5000 年就开始使用铜器。中国约在公元前 3000 年的新石器时代晚期开始使用铜。

铅

铅的元素符号为 Pb。它是一种灰白色的金属，也是最软的重金属，而且延展性好，是电的不良导体。铅是人类最早使用的金属之一，早在公元前 3000 年，人类已能从矿石中冶炼铅了。由于铅的密度很大，高能辐射几乎不能通过较厚的铅板，所以铅常用来制造放射性辐射和 X 射线的防护设备，还能用于制造铅蓄电池中的正、负极板。铅及其化合物都有毒，而且铅的蒸气和粉尘很容易通过呼吸道和食道进入人体。人一旦中了铅毒，就会出现贫血、腹痛、痉挛、肾受损、记忆力减退等症状。

铝

铝的元素符号为 Al。它是一种银白色的轻金属。铝具有良好的延展性、导电性和导热性，而且质地很软很轻，易于加工，但是它的化学性质也很活泼，没有金、银那样耐腐蚀。常温下，铝的表面在干燥的空气中会形成一层薄薄的致密氧化膜。这层膜可以阻止铝进一步被氧化，并能耐水的腐蚀，还可以吸着染料而使铝被染上各种颜色。在建筑业中，铝及其合金能用来制作门窗、板壁和房屋的檐槽；由于铝的电导率高，所以它也被制成铝制电缆和导线，广泛用于电力工业。人体摄入过量的铝时，容易导致疾病，因此近年来饮具、餐具等逐渐不再使用铝制品了。

锡

锡的元素符号为 Sn。它是一种银白色的金属，质地较软。在远古时代，

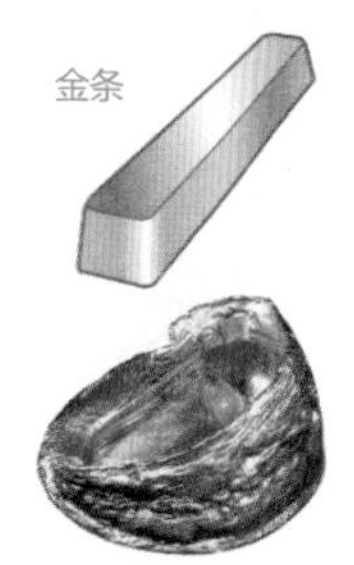

古代货币——马蹄金

人们就已经开始利用锡，将锡和铜组合，制出了青铜。如今，制备合金仍是锡的主要用途之一，比如锡和铅的低熔点合金能用作焊锡，铜、锑和锡的合金能用于制作轴承等。此外，锡现在也是一种重要的镀层材料，常用来镀在贮存食品的钢制容器等物品的表面，以防止物品生锈。

到澳大利亚旅游的人们正在金矿遗址上体验淘金的乐趣

金

金的元素符号是Au，这个符号来源于拉丁文，原意是“光辉的黎明”。金在地球上分布很广，但是总量不多，所以十分珍贵。金几乎总是伴生于石英和黄铁矿中，块状的金呈现有光泽的黄色，被精细分割后的金则可能呈黑色、红色或粉红色。金是热和电的良导体，延展性特别好，可做成金箔或拉成极细的金丝，而且因为化学性质稳定，不容易被空气氧化，耐水、酸、碱，所以从古代开始，金就常被用来制作饰品、货币。装饰品中，金的品质以K表示，纯金为24K，含金50%的饰品则为12K。

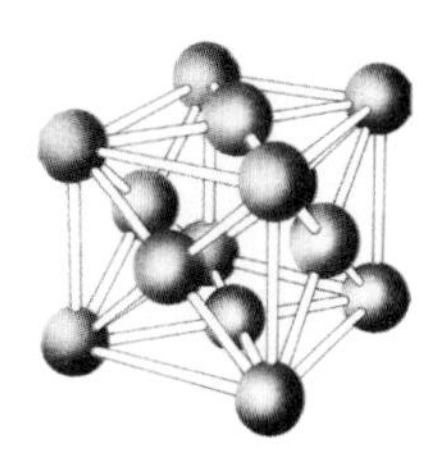
铂的晶体结构模型（铂原子的金属键数较多，因此铂的化学性质非常稳定。）

铂

铂的元素符号是Pt，这个符号来源于西班牙语，意思是“银”。因为被发现时，铂一度因为外形与银相似，被人当成了银。铂的色泽纯白，因此被俗称为白金。由于铂的储量比黄金还稀少，所以价格比黄金更昂贵。铂通常以合金状态使用，称铂金。铂金能使钻石保持原有的色泽，是镶嵌钻石的最优材料，所以在珠宝首饰业中，铂金主要用作装饰品和工艺品；在化学工业中，铂则可以用作高级化学器皿、电极和加速化学反应的催化剂。世界上铂资源最丰富的国家是南非。

硝酸银中的银被铜置换后形成的银树

银

银的元素符号是Ag，这个符号来自拉丁文，意思是“发光的”或“白色的”。银是一种有光泽的白色金属，也属于贵金属。它在自然界中分布广泛，是人类较早使用的金属之一。银的延展性和柔韧性是除金外所有金属中最好的，导电性和导热性则是所有金属中最强的。由于高导电性，银可以用来制造各种电子设备。

锌

锌的元素符号是Zn。它是一种有金属光泽的蓝白色金属，广泛存在于地球上的水、土壤和大气中，动植物体内也含有不少锌。锌可以用来制造黄铜等合金，能用在各种干电池中，也能用来做钢、铁等其他金属的保护层，比如镀了锌的铁就是白铁。锌还是人体必需的微量元素，许多疾病都是由于缺锌引起的。

汞

打碎体温计，会有银色液珠滚落到地上，这就是汞。汞的元素符号为Hg。自然界中的金属中，在常温下呈液态的只有汞，所以汞又被称为水银。汞的表面张力很大，能碎裂为银色液珠，而不会呈流体状。

稀有金属

稀有金属的种类很多，既包括天然资源少的金属，也包括储量大，但分布分散，不容易被提取的金属，还包括不容易被分离成单一物质的金属等。锂、铷、铯等轻金属，钛、钼、钨等难熔金属，钪、钇及镧系元素等稀土金属，钫、镭、锕、钍等放射性金属，都属于稀有金属。

锗

锗的元素符号是 Ge。它是一种银灰色的脆性金属。高纯度的单晶锗是制造晶体管和二极管元件的半导体材料，还可以用来制作转换开关电路、红外光学透镜材料等。和铅、锌等一样，锗也是人体必需的微量元素。

锗多晶体

锗单晶的生长

钛

钛的元素符号为 Ti。它是一种银灰色的金属，质地软，有延展性，具有密度小、强度大、耐高温、抗腐蚀等特点，在自然界分布极广。钛的抗腐蚀能力比常用的不锈钢强 15 倍，使用寿命比不锈钢长 10 倍以上，而且质量又比钢铁轻很多，所以在飞机、火箭、导弹、人造卫星、宇宙飞船、舰艇、化工、纺织、医疗以及石油化工等领域都有广泛应用。“阿波罗”号宇宙飞船使用的金属材料中，钛就占了 5%。

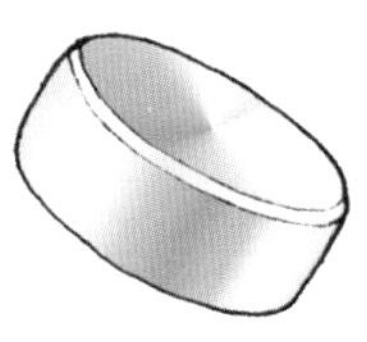
钛锭

“阿波罗”号宇宙飞船

钨

钨的元素符号为 W。它是熔点最高的金属，熔点高达 3422℃，沸点高达 5555℃，因此各种灯泡普遍使用它来制作灯丝，以保证灯丝在高温下也不会熔化。除了制作电灯丝等电器元件外，钨还可用来制备钨钢、半导体器件、火箭发动机和人造卫星的元件，以及化学反应的催化剂等。

合金

纯金属的强度和硬度往往较低，而且性能不够多样化，使用时常常受到限制，于是人们将金属熔在一起，制成了性能优良的合金。

合金是一种具有金属特性的物质，通常由一种金属与另一种金属，或与几种金属或与非金属组合而成。比如，钢主要是铁和碳的合金；黄铜是铜和锌的合金；青铜是铜和锡的合金等。此外还有铝合金、镁合金、钛合金等多种合金。由于有良好的综合性能，合金的用途十分广泛。无论是我们平时使用的餐具，还是汽车、火箭、宇宙飞船等，都使用了大量的合金。

钢

含碳量在 2% 以下，含有其他合金元素，并且可以塑形变形的铁碳合金就是钢。钢很坚硬，有韧性，可以锻、压、延，也可以铸造。中国古代的钢铁冶炼技术从春秋到明代一直不断发展，并在世界上处于相当领先的地位。19 世纪后半叶，随着转炉、平炉、电炉炼钢方法的出现，钢的生产规模进一步扩大，质量也得到提高。20 世纪 50 年代后，钢的产量和质量被提到了更高的水平。如今已有了磁钢、不锈钢、耐热钢等许多种类。以超高纯度、超高均匀性、超细组织为特征的新一代钢铁，正受到世界各国的关注。

铝锂合金是航空工业理想的结构材料

•超级视听•

烟花的美丽因子

穿越

烟花为啥是彩色的？

许多金属和它们的化合物在温度极高的情况下，其内部的电子就会被激发。受激发的电子会跃到外层轨道上，但处于这些位置的电子很不稳定，很快又会要跃回原来的状态，在这一过程中，就会释放出一定的能量，并转化为一定波长的光。由于各种金属不同，其发出的光也不同，比如钾发出的光是紫色，钙发出的光是砖红色，钡发出的光是黄绿色，铜发出的光是绿色等。烟花之所以是五颜六色的，就是因为含有钾、钠、钙、锶、钡等金属的化合物。它们在燃烧的高温中，发生了焰色反应，就使我们看见了缤纷的色彩。

酸、碱、盐

酸的水溶液有酸味，能中和碱并产生盐，可使石蕊由紫色变成红色；碱有涩味，能抵消或中和酸，可使石蕊由紫色变成蓝色；盐则是金属阳离子（或铵根离子）和酸根离子的化合物，可溶性盐的溶液有导电性，所以可以作为电解质。

硫酸的立体结构模型

硫酸

硫酸是三氧化硫和水的化合物，化学式为 H_2SO_4。纯硫酸是无色的油状液体，含杂质时可呈黄棕色。浓硫酸是含硫酸量很高的硫酸，它的腐蚀性很强。人一旦被它溅到，应当立即用布迅速吸干，并马上用水反复冲洗。因为浓硫酸溶解于水中时，会放出大量热，所以在稀释浓硫酸时，一定要“注酸入水”，即让浓硫酸经玻璃棒沿器壁缓缓注入水中，并不断搅拌，使浓硫酸溶解时产生的热量均匀放出。否则，浓硫酸液易暴沸和飞溅，以致伤人毁物。硫酸虽然危险，但用途很多。它不但能用于生产化肥、塑料、汽油、润滑油等日用化工产品，还能用于制造炸药。

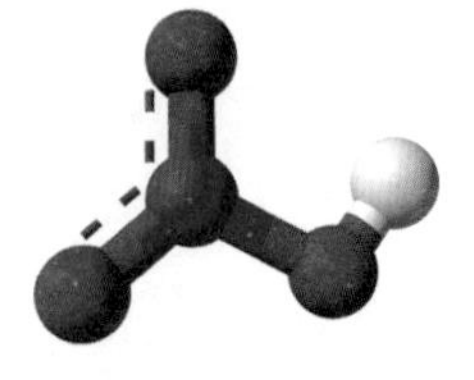
硝酸分子的立体结构模型

硝酸

硝酸是一种氧化性、腐蚀性都很强的强酸，化学式是 HNO_3。它易溶于水，常温下其溶液是无色透明的。硝酸是重要的化工原料，在酸类生产中，产量仅次于硫酸。它可以用来生产化肥、制备硝酸盐、制备草酸、制造炸药、精制提取核燃料等。如果不慎被硝酸灼伤皮肤，应当立即用大量清水或小苏打水清洗，严重者要赶紧前往医院医治。

盐酸

盐酸是氯化氢（HCl）气体的水溶液，具有极强的挥发性，所以需要注意密封保存，不要凑近去嗅，否则容易损害鼻腔、呼吸道的黏膜。盐酸是一种常见的化学试剂和化工原料，能用于矿石分解、水垢溶解、金属清洗、食品加工、制药、电镀、焊接以及有机化学工业等方面。胃酸的主要成分也是盐酸。

王水

王水是浓盐酸和浓硝酸混合而成的水，因为它们是按照3∶1的比例混合的，很容易让人想到三横一竖的“王”字，故名王水。

盐酸和硫酸、硝酸一样，也是常用的实验室试剂。

王水是一种腐蚀性非常强的液体，也是少数几种能够溶解金和铂的液体之一。王水一般用于蚀刻工艺和一些检测分析，但因为它极易分解，所以必须现配现用。

碳酸钠

蒸馒头时，为了让馒头暄软，要在发好的面里加进一种叫纯碱的物质。纯碱的化学名就叫碳酸钠，又称苏打，化学式为 Na_2CO_3。碳酸钠是一种白色的粉末，入水即会溶解，溶液呈碱性。若在空气中久置，碳酸钠很容易吸收水和二氧化碳，生成碳酸氢钠。碳酸钠及其溶液能够和多种强酸发生反应，快速生成二氧化碳气体。碳酸钠还是一种重要的化工原料，广泛用于玻璃、陶瓷、肥皂、洗涤剂等产品的制造，冶金、食品加工、水处理等领域也会用到它。

氢氧化钠

劣质肥皂放置的时间一长，表面就会出现一层“白霜”。有白霜的肥皂不仅能损毁衣物，还会烧伤人的皮肤。这层白霜就是氢氧化钠，又名烧碱、火碱、苛性钠，化学式是NaOH。纯净的氢氧化钠是白色的固体，有很强的吸湿性，易溶于水。它是重要的化工原料和化学试剂，常用于肥皂、合成洗涤剂的生产，是生产硼砂、氰化钠、草酸等的化工原料，也用于医药、染料、农药的生产。氢氧化钠具有极强的腐蚀性，人体与它直接接触，会受到损伤，因此接触氢氧化钠时必须身着防护用品。

氯化钠

氯化钠是一种无色透明立方晶体，味咸、易溶，化学式是NaCl。我们每天都会吃的食盐，基本就是氯化钠。

氯化钠是动物细胞液和血液的组成成分，在人和其他动物的生命活动中占有很重要的地位。氯化钠也是一种重要的化工原料，广泛用于盐酸、氯气、金属钠、漂白剂等物品的制造。浓度约为0.85%的氯化钠溶液叫生理盐水，医疗上常用生理盐水为人体补充水分和钠。此外，用氯化钠制成的食盐，也普遍用于菜肴调味和食品加工。

硫酸钠

硫酸钠是一种白色的晶体或粉末，味咸而苦，俗称元明粉、无水芒硝，化学式为Na_2SO_4。硫酸钠是生产硫化钠、硅酸钠、玻璃的原料。它能用来制造合成洗涤剂，也能用于染料的生产和印染。在医药领域，还会把它用作缓泻剂和钡中毒的解毒剂。

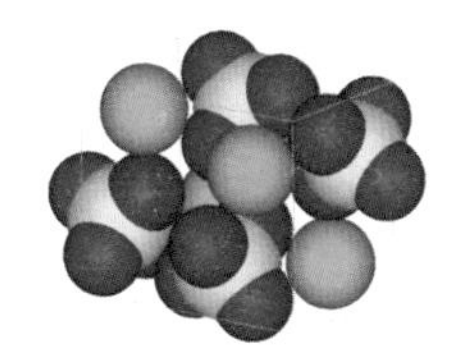

硫酸钠的立体结构模型

复盐

由两种不同的金属离子（或铵根离子）和一种酸根离子组成的盐，叫复盐。常见的复盐有硫酸铝钾、氯化镁钾等。复盐也可以说是由两种或两种以上简单盐类所组成的化合物，如硫酸铝钾，就能看作是硫酸钾和硫酸铝组成的复盐。

•超级视听•

盐制婚纱

酸式盐

酸式盐是含有可电离的氢离子，常见的酸式盐有碳酸氢铵、碳酸氢钠等。其中，碳酸氢铵简称碳铵，化学式为NH_4HCO_3。它易于分解，分解后会放出氨气和二氧化碳，因此是一种很好的膨松剂，用作饼干、糕点的食品膨松剂。碳酸氢钠俗称小苏打，化学式为$NaHCO_3$。泡沫灭火器和干粉灭火器中的主要成分就是碳酸氢钠。把碳酸氢钠喷到火焰上，碳酸氢钠遇热便会分解，产生大量二氧化碳和水，从而能有效地减小火势。另外，碳酸氢钠还常在食品加工中用作发酵剂。在医药学中，碳酸氢钠还是治疗胃病的药物，能用来中和胃酸。

碱式盐

碱式盐是碱中的氢氧根离子部分被中和的产物，由金属阳离子、氢氧根离子和酸根阴离子组成。给碱式盐命名时，只要在正盐名字前加“碱式”即可，例如$Cu_2(OH)_2CO_3$就叫碱式碳酸铜。

位于海南岛的莺歌海盐田

化肥

化学肥料简称化肥，它是含有一种或多种农作物生长需要的营养元素的物质。化肥大多易溶于水，施入土壤后，能很快被农作物吸收，而且效果显著。在今天的农业生产中，化肥是提高农业产量的主要手段之一。

人工合成的肥料主要包括氮、磷、钾三种元素

中文名称	英文名称	符号	作用
氮	nitrogen	N	氮肥可以促进植物茎和叶子的生长
磷	Phosphorus	P	具有增进庄稼早熟及颗粒饱满作用
钾	Potassium	K	对动植物的生长和发育起很大作用

过度施肥易造成“肥害”，使植物烧根、烂根，甚至死亡。如果种植蔬菜使用过多的氮肥，还会导致蔬菜收成时残留过多的硝酸盐类。如果把这些蔬菜作为婴幼儿的副食品，婴幼儿就可能患病。

氮肥

氮肥是含有氮的化肥。氮是除了碳、氢、氧以外农作物和经济作物需求量最大的元素，它是植物体内氨基酸的组成部分，是合成蛋白质的重要成分，也是植物体内进行光合作用的叶绿素的组成部分。植物缺氮时，叶片中叶绿素的含量会下降，叶色会呈浅绿或黄色，光合作用也会随之减弱，从而使碳水化合物的合成量减少，导致植物生长缓慢，植株矮小。我国常用的氮肥有氨水、尿素、碳酸氢铵、硝酸铵、硫铵、氯化铵、石灰氮和含氮复合肥料等。

生产化肥的工厂

尿素

尿素是碳酰二胺的俗称。它是一种重要的氮肥，在工业上可由氨和二氧化碳在高温高压下直接合成。尿素无味，易溶于水，水溶液呈中性，因此施肥后不会影响土壤的酸碱度，对土壤没有不良影响。除了用作肥料外，尿素还可作为牛、羊等动物的蛋白质补充饲料。

碳酸氢铵

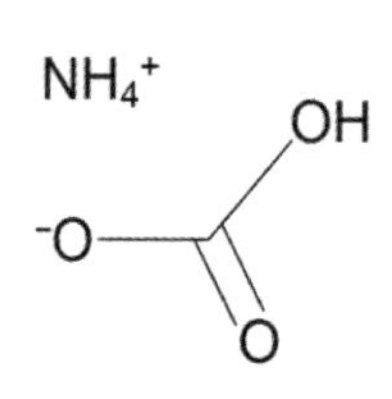

碳酸氢铵分子结构

碳酸氢铵也叫碳铵，是一种中性氮肥。它易溶于水、施后见效快，适用于各种土壤和植物，而且不会残留有害物质在土壤中。用碳酸氢铵施肥时，不能在土壤表面撒施，而必须要将其撒入较深的土壤中，以防氮挥发，造成氮素损失。碳酸氢铵在较高温度下可以分解产生二氧化碳，所以它也是很好的膨松剂，能用来做饼干等食品。

氨水

氨水是氨气的水溶液，是一种无色、具有刺激性气味的液体。稀氨水是速效肥料，含氨 10% 的氨水可作药用。氨水可以作为基肥和追肥，但因为它的性质不稳定，所以必须施入土壤的深处，并加水稀释，以免灼伤作物。

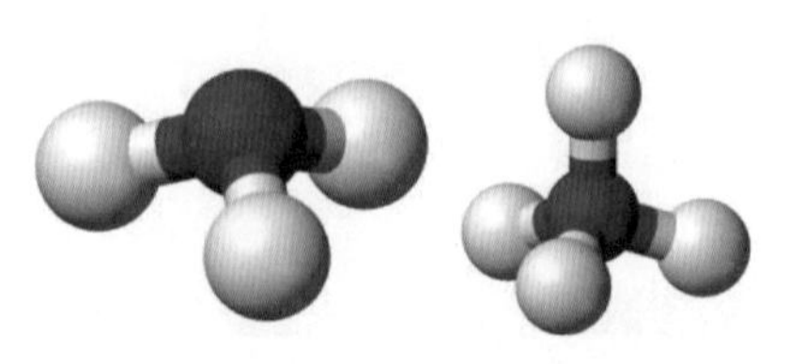

氨分子的立体结构模型

穿越

糖的秘密

所有的糖都有甜味吗？事实并非如此。比如，牛奶中的乳糖就是没有甜味的糖。那么反过来，是不是有甜味的物质都是糖呢？也不能这样说，比如乙二醇、甘油都有甜味，但都不是糖。至于糖精，虽然它味道甜，名字里也有“糖”，但它并非是“糖之精华”，因为糖精并不是从糖里提炼出来的，而是以又黑又臭的煤焦油为基本原料制成的。所以糖精也不是糖，而只是一种甜味剂。少量糖精对人体无害，但过量食用糖精对人体有害。

有机合成材料

在有机合成材料出现前，人类使用的是木材、棉花、羊毛等天然材料，以及通过冶炼、煅烧技术得到的各种非金属材料和金属材料。有机合成材料的出现，使人类摆脱了只能依靠天然材料的历史，在改造自然的进程中大大前进了一步。

单体聚合

高分子是由分子量小的单体聚合而成的，所以又叫聚合物。最简单的聚合物是由乙烯单体聚合而成的聚乙烯。许许多多的乙烯分子连在一起，就变成了聚乙烯高分子了。

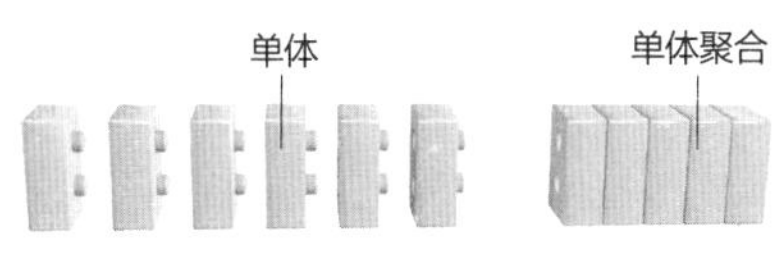

单体聚合的过程就如同把相同的积木块拼接在一起

高分子合金

金属合金的性能远比单一金属好，更能满足人们的需要。受金属合金的启发，科学家开发出了高分子合金——高分子共聚物。高分子共聚物由两种或两种以上不同的单体共同聚合而成。它具备高分子各种单体的优点，达到了取长补短的目的，这对改善高分子性能有很重要的作用。

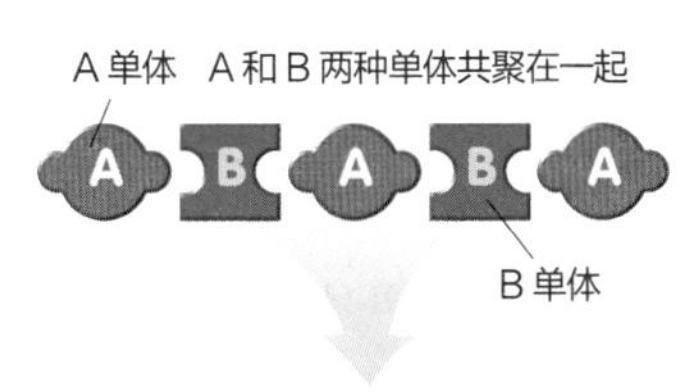

聚合而成的高分子共聚物具有两种单体的优点

高分子共聚物的结构和形成

聚乙烯

聚乙烯是乙烯的聚合物，英文简称 PE，产量约占世界塑料总产量的 20%，是塑料中最大的品种。聚乙烯没有毒性，容易着色，化学稳定性好，电绝缘性好，耐寒，耐辐射，因此适合用来制作包装薄膜、农用薄膜、吹塑容器等，还可以用来制作电缆包皮等绝缘材料。

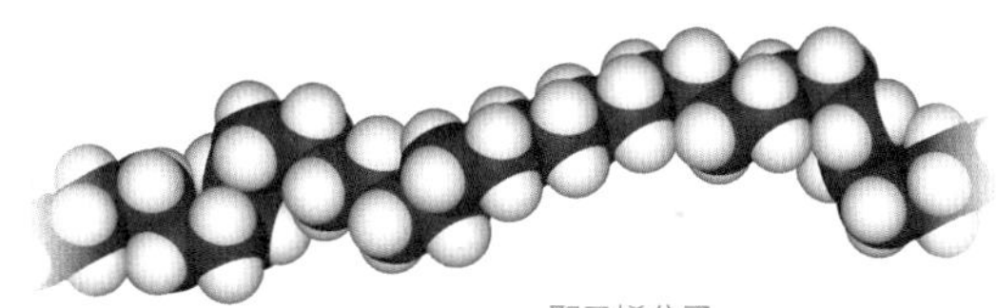

聚乙烯分子

聚氯乙烯

聚氯乙烯是氯乙烯的聚合物，英文简称 PVC。它是塑料品种中仅次于聚乙烯的第二大品种。聚氯乙烯可以分为软质聚氯乙烯和硬质聚氯乙烯。前者主要用于制作薄膜、电缆包皮、包装材料和容器等；后者则主要用于管材、板材、下水道和建筑材料的制造。聚氯乙烯与其他塑料的最大不同点是它的成本较低，并且能加入剂量不同的增塑剂，进而可以生产出从软质到硬质的多种聚氯乙烯塑料制品。

热固性塑料

有些塑料只能进行一次加工成型，一旦它的形状固定下来后，就很难再熔化变形了。我们把这种塑料称为热固性塑料。常见的泡沫塑料，就是一种热固性塑料。

热固性塑料的分子结构

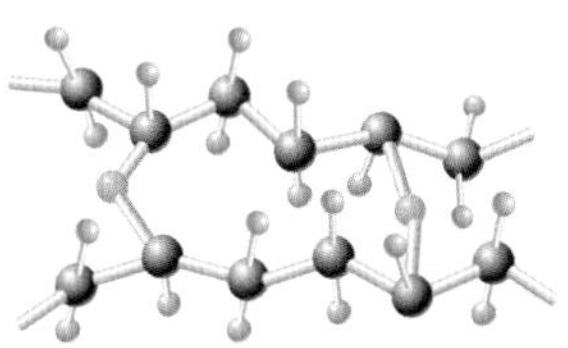

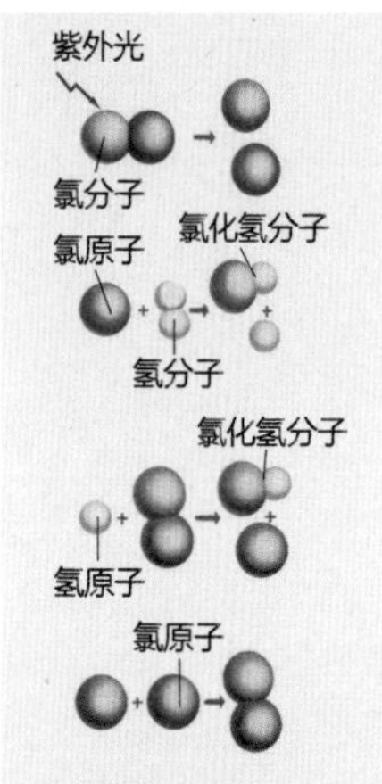

氯与氢发生化学变化生成氯化氢的过程

化学反应

在五彩缤纷的化学世界里，物质会发生各种各样的化学变化。有时，一种物质会变成两种或两种以上的新物质；有时，两种物质会变成一种物质；也有时，物质两两反应，又生成了两种新物质。尽管物质之间的化学反应有千千万万，但这些反应基本都可以归入化合反应、分解反应、置换反应和复分解反应等为数不多的几种类型。

化学变化

一种或多种物质转变成化学性质与原来不同的新物质的过程，就是化学变化。铁的冶炼、天然气的燃烧等，都属于化学变化。化学变化之前的原物质叫反应物，变化之后产生的新物质叫生成物。化学变化与物理变化的区别在于，物理变化只是物体的存在状态发生变化，不产生新的物质；而化学变化是物质本身发生变化，会产生新的物质。因此，水变为水蒸气或冰的过程，属于物理变化，不属于化学变化。

铁条生锈是化学变化，是铁与氧发生反应生成了氧化铁。　橡皮筋的伸缩是物质状态的变化，即物理变化。

化学方程式

人们进行各种化学研究和实验时，需要将化学反应的情况记录下来：反应物有哪些，用了多少，反应后生成物是什么，有多少等。根据质量守恒定律，我们可以用化学式来表示物质的化学反应，这种化学式，就叫化学方程式，也叫化学反应式。化学方程式中，反应物的化学式写在左边，生成物的化学式写在右边，两者中间用等号相连。比如：$2H_2 + O_2 = H_2O$ 这个化学方程式，表示的就是氢气和氧气发生化学变化，生成了水。

化合反应

两种或两种以上的物质生成另一种物质的反应，叫化合反应。比如硫和氧气在点燃的情况下，生成二氧化硫的化学反应，就是化合反应，用化学方程式表达为 $S + O_2 = SO_2$。化合反应一般会释放出能量。

置换反应

一种单质和一种化合物发生化学变化，生成另一种单质和另一种化合物的反应，叫置换反应。例如，锌与稀硫酸反应，制取氢气的过程，就是锌与稀硫酸发生置换反应，生成了氢气和硫酸锌的过程，用化学方程式表达即为：$Zn + H_2SO_4 = ZnSO_4 + H_2\uparrow$。

分解反应

分解反应是化合反应的逆反应，是由一种物质生成两种或两种以上物质的反应，比如，加热碱式碳酸铜，可以发生分解反应，生成水、二氧

穿越

希腊炼金术

西方炼金术最早出现于希腊，大约兴起于公元1世纪。最初的炼金术士只是想用廉价金属来冒充贵金属，并不相信它们真会变成金银。但炼金术士们之后接受了柏拉图、亚里士多德雅典学派哲学的影响，开始相信万物会自发地趋向于尽善尽美。于是，他们后来便真的认为，只要先使廉价金属“死亡”，失掉它原有的个性和灵气，再赋予它黄金的灵气，新的黄金就会被炼制出来。为了炼金，炼金术士会先把铅、锡、铁等廉价金属熔合成一块黑色的合金，认为这样它们就已经“死亡”，然后用水银蒸气使其表面变白，再用硫黄水或硫黄蒸气对合金进行熏染，使其变黄。如此一来，合金便有了黄金的色泽，炼金术士便认为它真有了黄金的灵气，实现了向黄金的转变。所以，希腊的炼金术其实是一种金属染色术。

化碳和氧化铜，用化学方程式表达即为：$Cu_2(OH)_2CO_3 \triangleq 2CuO + H_2O + CO_2\uparrow$。

复分解反应

两种化合物交换成分，生成另外两种化合物的反应，就叫复分解反应。例如，氢氧化钠溶液与硫酸溶液混合后，会产生复分解反应，生成硫酸钠和水这两种新的化合物，这一反应过程用化学方程式表达为：$2NaOH + H_2SO_4 = Na_2SO_4 + 2H_2O$。

氧化反应

化学反应中，物质失去电子，便发生了氧化反应。物质和氧气结合，形成氧化物，就属于典型的氧化反应。氧化反应在生活中十分常见，铁制品久置在潮湿的空气中会生锈，就是铁自然氧化的结果；食物放久了会腐败，也是因为食物中的化学元素和空气中的氧气结合，发生了氧化反应；生物体内，糖类和脂肪会在酶的催化下，不断发生氧化反应，被分解为二氧化碳和水，同时释放大量能量。

此外，燃烧也是氧化反应，而且是一种剧烈的氧化反应。

还原反应

还原反应与氧化反应相对应。化学反应中，物质得到电子，或者使电子更靠近自己，便是发生了还原反应。在一个完整的化学反应中，还原反应与氧化反应通常是同时存在的。还原反应也有很多应用。化学工业中，人们常用碳、一氧化碳、氢气等还原硫酸钠，来生产硫化钠；冶金工业中，几乎所有的金属单质，都是用还原反应制得的。

燃烧

燃料与氧化剂发生强烈化学反应，并伴有发光发热的现象叫燃烧。氮化、氟化等与氧化反应类似的反应，钠、镁、铝等轻金属加水后的反应，还有分解反应，也能称为燃烧。

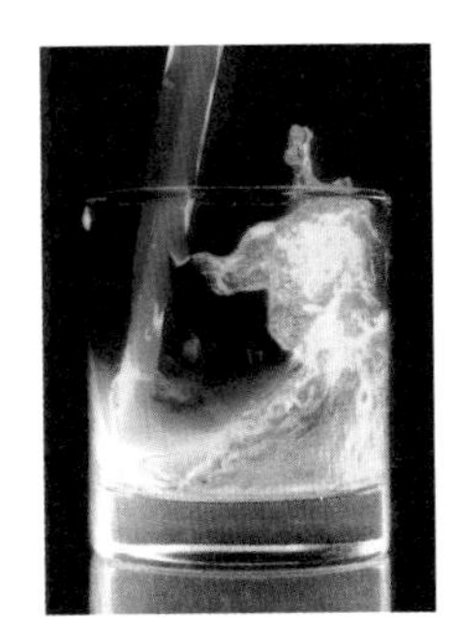

液体物质燃烧

使可燃物达到燃烧时所需的最低温度，叫着火点。白磷的着火点很低，只有 40℃。但是将白磷放入 100℃的沸水中，白磷并不会燃烧，这是由于水中没有氧气的缘故。因为要发生燃烧，必须同时具备两个条件：一是可燃物要达到着火点；二是可燃物要与氧气接触。

固体物质燃烧

物质燃烧时，会放出热量。1 摩尔的物质完全燃烧时放出的热量，叫该物质的燃烧热。燃烧热能通过实验测得，比如，1 摩尔碳完全燃烧，放出 393.5 千焦的热量。我们就可以得知，碳的燃烧热为 393.5 千焦。对燃烧热进行研究，能帮助人类更好地利用热能。

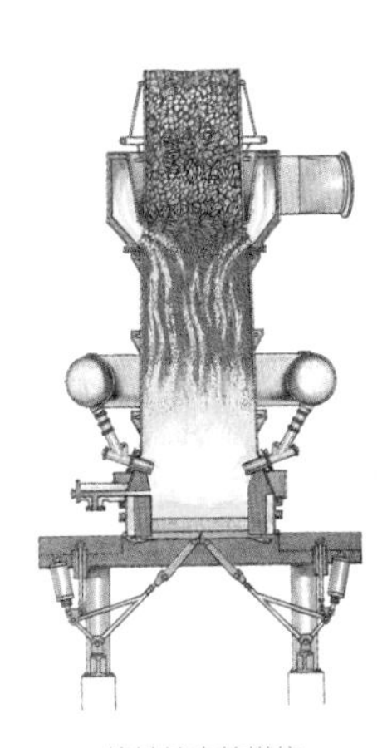

炼铁炉内的燃烧

催化剂

化学反应中，能改变其他物质的化学反应速率，本身的质量和化学性质却不发生变化的物质，就是催化剂。比如，在加热氯酸钾和二氧化锰的混合物制氧的过程中，实际发生分解的物质只有氯酸钾，二氧化锰其实是催化剂，它能使氯酸钾在较低温度下迅速放出氧气。催化剂的使用，大大推动了化学工业的发展。氨的合成，化学纤维、合成橡胶和塑料的制造等，都离不开催化剂。

化学工业中使用的各种催化剂

化学实验

为了验证化学原理，或是了解物质的化学性质，人们通常会按照一定的步骤，在实验室里用各种仪器对物质进行实际操作，以观察具体的化学变化，这就是化学实验。化学实验是掌握和研究化学知识的重要方法之一。

穿越……

可乐＋曼妥思＝？

把曼妥思糖放进可乐里，会产生非常震撼的井喷现象。比起摇晃后的可乐，加入曼妥思的可乐会喷出更多的气泡，简直就像一座小喷泉！为什么会产生这种有趣的现象呢？许多人纷纷对此进行了研究。目前比较可信的一种解释是：就像空气中的水分需要有灰尘等颗粒物作为凝结核才能成为冰晶一样。可乐液体也需要有类似于凝结核的起泡点，才能产生大量气泡。而曼妥思这种糖的表面看起来光滑，但在显微镜下却像是月球表面，布满了突起和小坑，这些突起和小坑，都是可以产生气泡的起泡点。所以往可乐里加入曼妥思，就相当于加入了大量的起泡点，由此产生井喷现象，也就在情理之中了。还有人曾做了一个测量可乐喷射力的实验，他们成功地以108瓶2升装的可乐和648颗曼妥思为原料，使一辆小车往前移动了67.36米。

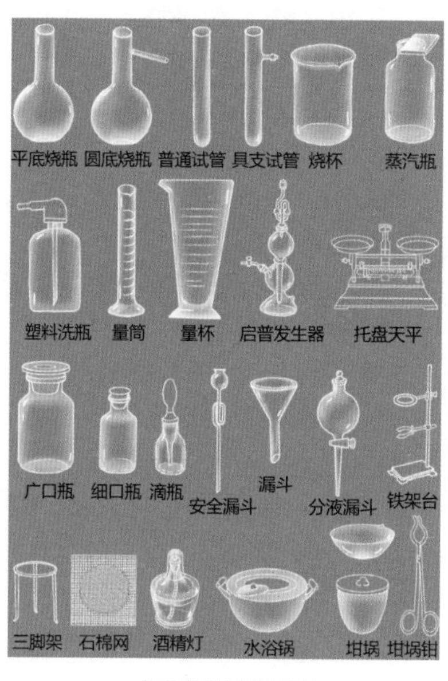

化学实验常用的仪器

化学药品的取用

化学实验所用的化学试剂中，有的有毒，有的有腐蚀性，一旦操作不当，很容易带来伤害；而且试剂用量的多少和实验的成败、效果也有直接的关系。所以，进行化学实验时，必须遵循正确的操作要求取用化学药品。

取用粉末状或细小颗粒状固体时，应使用干燥洁净的药匙。需按实验指定用量取用，用量无明确规定时，应以少量为宜，这样既安全，又节约药品。为避免试剂粘在器壁上，可把药匙（或用纸条对叠成纸槽）伸入试管底部后倾倒。

如果试剂为块状，应用镊子取用。把试剂放入试管时，要横握试管，将试剂放入后再慢慢竖起，使试剂块缓慢滑入试管底部，以免打破试管。实验对试剂用量的多少有一定要求时，需要用托盘天平精确称取。

取用液态试剂时，一般用量以1～2毫升为宜。操作时，可直接将试剂从细口瓶中倒入试管。倾倒后，应将瓶口在试管口上轻刮，防止瓶口的试剂流到瓶外。如果实验要求取用少量试剂，可以用胶头滴管吸取溶液滴入试管。滴溶液时，滴管应竖直于试管上方，尖部不能插入试管口内。滴管内多吸的试剂只能挤掉，不要再挤回原试剂瓶中。实验要求定量的溶液时，要使用量筒准确量取溶液。取用具有强腐蚀性的浓酸性液体、浓碱性液体时，应特别小心，防止这些液体溅到眼中、皮肤上或洒溅在衣物上。如果不小心把液体洒在桌上，应用湿布擦净。如溅在皮肤上，应先用干布轻轻擦除，再用大量清水冲洗。

化学药品

“密写墨水”实验

两种特定的化学试剂相遇发生反应时，往往会出现颜色的变化。利用这一特性，用无色的溶液写字，再用相对应的溶液涂抹，原本不见的字迹就会神奇地显现出来。“密写墨水”实验就是利用这个原理设计的。

实验前，准备一些淀粉和碘水，并用冷水将淀粉溶解成淀粉液；然后，用毛笔蘸上淀粉液，在白纸上写上字；随后，把白纸晾干。这时的白纸上，几乎看不到文字。接着，再用毛笔蘸上碘水，涂在白纸上写了文字的部位，没过一会儿，就能看到刚才用无色淀粉液写的文字了。除了淀粉液和碘水，酚酞溶液、硫化氢钾、硝酸铅也都能作为写字的无色溶液，而氢氧化钠、三氯化铁、硫化钠则可以作为对应酚酞溶液、硫化氢钾、硝酸铅的显色溶液。

“水中花园”实验

取一个大烧杯或小鱼缸，在它底部铺上厚度约 5 毫米的用水洗过的沙子，并倒入浓度为 2% 的水玻璃溶液（化工商店有售），水玻璃溶液深度约为 10 厘米。然后取豆粒大小的硫酸铜晶体、硫酸亚铁晶体、醋酸铅晶体、氯化钴晶体、氯化铁晶体等颗粒，投入水玻璃溶液中。几分钟后，这些晶体上就会“长”出“芽”来。随着时间的推移，“芽”又会“长”出许多分支。而且不同晶体会“长”出不同颜色、不同形状的“芽枝”，比如硫酸铜晶体“长”的是蓝绿色的枝状芽，氯化钴晶体“长”的是紫色的丝状物，氯化铁晶体“长”的是橙色粗枝状物等。因此整个容器看上去就像一个绚丽多彩的“水中花园”。

各种晶体之所以会在水玻璃溶液中“发芽”，是因为水玻璃的成分为硅酸钠，它可以使各种晶体逐渐溶解，并在水玻璃溶液中“长”出“枝芽”。晶体芽状物的“生长”情况与水玻璃的浓度有关，如果水玻璃溶液较稀，晶体芽状物就会“生长”得较慢，但分支会比较牢固粗壮。

水中花园

自制简易净水器

含有钙盐、镁盐的天然水是硬水，去除水中的钙离子和镁离子，就可以得到软水，也就是人们说的净水。而要去除这两种离子，最简单易行的方法就是离子交换法。我们可以自己动手，用这种方法制作一个简易的净水器。

首先，需要去化工商店购买阳离子交换树脂和一个微孔磁制隔板，再准备一个大塑料瓶、一个单孔胶塞、一个带阀门的活塞、一个插有乳胶管的盖子和一些高压消毒脱脂棉。然后，把大塑料瓶的底部剪去一截，配上插有乳胶管的盖子，将其作为普通自来水的入口。再把塑料瓶倒置，在原瓶口上加上单孔胶塞，孔上装上带阀门的活塞。打开盖子，在盖子底部放入一些高压消毒脱脂棉，把微孔磁制隔板放在脱脂棉上面，再把阳离子交换树脂放在隔板上面，使阳离子交换树脂的体积占到全瓶体积的 3/4。最后，让普通自来水流入塑料瓶，等水从塑料瓶下端的开口流出时，就成为软水了。阳离子交换树脂之所以能用来净化硬水，是因为水中的阳离子会与阳离子交换树脂中的氢离子发生交换，产生化学反应，使水中镁离子和钙离子的含量降低，或者基本上被去除了，硬水因此就被净化成了软水。

简易净水器示意图

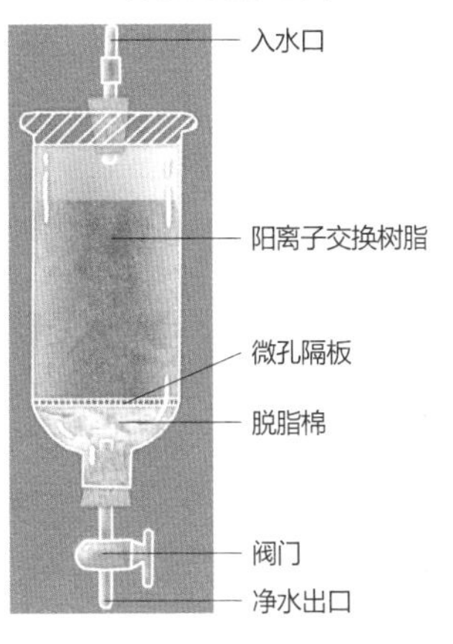

中国少年儿童百科全书

CHINESE CHILDREN'S ILLUSTRATED ENCYCLOPEDIA

中国大百科全书出版社

社　长： 刘国辉

《中国少年儿童百科全书》（10分册）主要编辑出版人员

策划： 刘金双

责任编辑： 李　婷　王　艳

《数理化加油站》责任编辑： 李　婷　王　艳

全书视频编导： 王　艳

编辑： 黄　颖　刘小蕊　牛昭　谷紫健

图片绘制： 蒋和平　张　强

图片提供： 华盖创意　全景视觉　北京市海淀外国语实验学校

郭　耕　阿去克　程力华　乌　灵　陈义望　王　辰　李天宇

张　强　何学海　刘正航　黄　颖　李文昕　田　田

视频提供： 北京大陆桥文化传媒

装帧设计： 张紫微　郑若琪

责任印制： 李宝丰